Faserforschung und Textiltechnik

Begründet von
Erich Correns und Walter Frenzel

Herausgegeben von
Wolfgang Bobeth · Hermann Klare
Burkart Philipp · Christian Ruscher

Schriftleiter
J. Brämer und I. Ruscher

Akademie-Verlag
Berlin

Faserforsch. u. Textiltechnik / Z. Polymerforsch.
25. Jahrg. · Heft 4 · Seiten 137—176 · Berlin, im April 1974
FSTXA7 25 (4) 137—176 (1974)
Preis: 15,— M · Sonderpreis DDR: 9,— M

Faserforschung und Textiltechnik

Zeitschrift für Polymerforschung

Begründet von Erich Correns und Walter Frenzel

Herausgegeben von

Wolfgang Bobeth – Hermann Klare – Burkart Philipp
Christian Ruscher

unter Mitwirkung von

E. Correns (Berlin) – H. Böhringer (Rudolstadt)

H. Barthel (Dresden) – V. Gröbe (Teltow) – A. Heger (Dresden) – G. Reinisch (Teltow) – G. Wiedemann (Dresden) – F. Winkler (Teltow) – H. Zimmermann (Teltow)

K.-H. Banke (Karl-Marx-Stadt) – H. Behrens (Merseburg) – W. Berger (Dresden) – H. Frommelt (Berlin) – H.-H. Hörhold (Jena) – K. Pestel (Karl-Marx-Stadt) – W. Sattler (Rudolstadt) – J. Ulbricht (Merseburg)

Schriftleiter: J. Brämer und I. Ruscher

Band 25 • April 1974 • Heft 4

Die Zeitschrift „Faserforschung und Textiltechnik/Z. f. Polymerforschung" erscheint monatlich in Heften zu 48 Textseiten im Format A 4. Der Preis für das Einzelheft beträgt M 15,– (Sonderpreis für DDR M 9,–), für den Vierteljahrbezug M 45,– (Sonderpreis für DDR M 27,–), zuzügl. Bestellgeld. Die Berechnung erfolgt zu Beginn eines Vierteljahrs für 3 Hefte. Falls keine Bezugsmöglichkeit durch eine Buchhandlung vorhanden ist, wenden Sie sich bitte in der Deutschen Demokratischen Republik an ein Postamt oder den Verlag, in den sozialistischen Ländern an den jeweiligen Postzeitungsvertrieb, in der Deutschen Bundesrepublik an die Auslieferungsstelle Kunst und Wissen, Erich Bieber, 7 Stuttgart 1, Wilhelmstraße 4–6, in allen übrigen Ländern an den internationalen Buch- und Zeitschriftenhandel oder den Buchexport, Volkseigener Außenhandelsbetrieb der Deutschen Demokratischen Republik, DDR-701 Leipzig, Postschließfach 276, oder den Akademie-Verlag, DDR-108 Berlin, Leipziger Str. 3–4 (Fernruf: 220441; Telex-Nr. 0112020; Postscheckkonto 35021). Bestellnummer dieses Heftes: 1014/25/4. Alleinige Anzeigenannahme DEWAG-WERBUNG, DDR-1054 Berlin, Wilhelm-Pieck-Str. 49, und alle DEWAG-Betriebe in den Bezirksstädten der DDR.

Herausgeber und verantwortlich für den Inhalt: Prof. Dr.-Ing. habil. Wolfgang Bobeth, Institut für Technologie der Fasern der Akademie der Wissenschaften der DDR, 801 Dresden, Hohe Str. 6, Fernruf: 44721; Prof. Dr. Hermann Klare, Prof. Dr. habil. Burkart Philipp und Dr. habil. Christian Ruscher, Institut für Polymerenchemie der Akademie der Wissenschaften der DDR, 153 Teltow-Seehof, Fernruf: Teltow 4831. Schriftleiter: Joachim Brämer und Dipl.-Chem. Ingeborg Ruscher, 153 Teltow-Seehof, Kantstr. 55. Verlag: Akademie-Verlag, DDR-108 Berlin, Leipziger Str. 3–4. Satz und Druck: VEB Druckhaus „Maxim Gorki", 74 Altenburg. – Veröffentlicht unter der Lizenznummer 1280 des Presseamtes beim Vorsitzenden des Ministerrates der Deutschen Demokratischen Republik. – Printed in the German Democratic Republic.

Manuskriptsendungen sind an einen der Herausgeber oder die Schriftleitung zu richten. Für Inhalt und Form gelten die „Richtlinien für die Annahme und Abfassung von Beiträgen", erhältlich von der Schriftleitung. Die Verfasser größerer wissenschaftlicher Arbeiten erhalten außer dem Honorar ein Heft und 50 Sonderdrucke ihrer Arbeit unentgeltlich.

DK 678.675-952:547.863.1:[66.095.3:678.6]:541.127.1:543.544.25:543.712

Gnauck, Roland, Raubach, Heinz und *Schimke, Erika*

Zur Kinetik der Polychinoxalin-Bildung

Faserforsch. u. Textiltechnik/Z. Polymerforsch. **25** (1974) 4, S. 137—139. 7 Abb., 1 Tab., 7 Lit.

Durch gaschromatographische Wasserbestimmung wird die Kinetik der Polykondensation von 4.4'-Bis-(phenylglyoxalyl)-diphenyläther mit 3.3'-Diaminobenzidin in m-Kresol und in Benzylalkohol verfolgt.

DK 678–416:677.021.127:678.675'126:678.742.2: 678.674'524'420:539.215:539.216.1

Berger, Werner, und *Kammer, Hans-Werner*

Folienfaserstoffe aus Polymermischungen. II. Mitt.: Modell zur Abschätzung der Fibrillierneigung

Faserforsch. u. Textiltechnik/Z. Polymerforsch. **25** (1974) 4, S. 140—143. 3 Abb., 1 Tab., 8 Lit.

Es wird ein einfaches Modell zur Abschätzung der Fibrillierneigung von Folien aus Polymermischungen entwickelt. Grundlage des Modells ist die Energiebilanz an einem Mikroriß, in der Grenzflächen- und elastische Kräfte berücksichtigt werden. Unterscheiden sich die elastischen Eigenschaften der Mischungskomponenten nicht, wird die Fibrillierung allein durch die Grenzflächenenergien der Polymeren bestimmt und ist deshalb im Bereich der Phasenumkehr am größten. Im allgemeinen sind aber sowohl elastische als auch Grenzflächenenergien zu berücksichtigen. Unter diesen Bedingungen ist die Fibrillierneigung keinesfalls im Phasenumkehrbereich am größten. Das Modell wird auf Mischungen aus Polyäthylen und Polyamid sowie Polyäthylen und Polyester angewendet.

DK 678.745.32:678.744.335:677.494[Bikomp.]: 677.021.125.26–913.3:677.021.125.3:677.017

Dimov, Kiril, und *Dilova, E.*

Spinnen von Polymermischungen aus Polyacrylnitril und Polymethylmethacrylat

Faserforsch. u. Textiltechnik/Z. Polymerforsch. **25** (1974) 4, S. 144—149. 4 Abb., 3 Tab. , 10 Lit.

Es wurde die Möglichkeit untersucht, Polymermischungen aus Polyacrylnitril und Polymethylmethacrylat unter Anwendung von Dimethylformamid als Lösungsmittel zu Fäden zu spinnen. Mit Hilfe eines drehbaren zentralsymmetrischen Versuchsplanes wurde der Einfluß des Polymethylmethacrylatgehalts und des Reckgrades auf die physikalisch-mechanischen Eigenschaften der Fäden untersucht. In den abgegrenzten optimalen Bereichen weisen diese Fäden im Vergleich zu denjenigen aus PVY und dem Copolymeren AN/MMA (9% MMA) für einige physikalisch-mechanische Kennziffern bessere Werte auf.
Die Ermittlung des Optimalbereichs für den Zusatz von PMMA (M = 150000 zu PVY bietet die Möglichkeit, PMMA mit unterschiedlicher rel. Molekülmasse in Abhängigkeit von den Reckbedingungen anzuwenden.

DK 677.494.675:677.494.674'524'420:677.021.125.277: 677.021.123.1:677–485:541.24:677.011

Koine, Axel, und *Praeger, Konrad*

Über Probleme bei der Herstellung von Hochpolymeren für das Schmelzspinnen von Fäden hoher Qualität aus Polyamid und Polyester

Faserforsch. u. Textiltechnik/Z. Polymerforsch. **25** (1974) 4, S. 150—153. 1 Tab., 16 Lit.

Einheitliche rel. Molekülmasse und möglichst geringe thermische und thermooxydative Schädigung des Polymeren sind die Voraussetzungen zur Herstellung qualitativ hochwertiger Synthesefäden. Verfahrenstechnisch wendet man sich zunehmend kontinuierlich arbeitenden Produktionsverfahren zu, da sie neben erheblichen ökonomischen Vorteilen auch die Qualität des Polymeren günstig beeinflussen.

DK 678.745.32–13:677.494.745.32–134.322: 677.862.2:547.398.4:677.016.413.4:677.017.127

Levites, L. M., Gabrieljan, G. A., Kudrjavcev, G. I., und *Rogovin, Z. A.*

Modifizierung von Acrylnitrilcopolymeren durch Thiomidierung und Untersuchung der Eigenschaften der thioamidierten Faserstoffe

Faserforsch. u. Textiltechnik/Z. Polymerforsch. **25** (1974) 4, S. 153—160. 9 Abb., 4 Tab., 10 Lit.

Zwecks Gewinnung von Thioamidgruppen enthaltenden Copolymeren des Acrylnitrils wurden die wichtigsten Gesetzmäßigkeiten der Thioamidierung entsprechender Copolymerer mit Acrylsäure, Methylacrylat, Vinylidenchlorid, Vinylchlorid und Styrol unter homogenen sowie heterogenen Reaktionsbedingungen untersucht. Es wurden ferner einige physikalisch-mechanische und thermomechanische Eigenschaften von thioamidierten Faserstoffen auf Basis von Copolymeren des Acrylnitrils mit Vinylidenchlorid bzw. Vinylchlorid bestimmt. Infolge der chemischen Modifizierung ist eine beträchtliche Erhöhung der thermischen und Wärmebeständigkeit der Faserstoffe sowie ihres Elastizitätsmoduls bei erhöhten Temperaturen festzustellen.

DK 677.494.675'126:66.074.84:677.019.32:677.019.36: 546.221.1:546.224–31:546.131

Holy, Gerhard, und *Glöckner, Gottfried*

Über den Einfluß von Industrieschadgasen auf den Lichtabbau von Polyamid-6-Seiden

Faserforsch. u. Textiltechnik/Z. Polymerforsch. **25** (1974) 4, S. 160—164. 8 Abb., 1 Tab., 10 Lit.

Es wurde der Einfluß von definierten Zusätzen an SO_2, HCl, H_2S bzw. CO_2 zur Gasatmosphäre bei der Xenotestbelichtung von unmattierter Polyamid-6-Seide untersucht. Die Proben wurden in Quarzglasgefäßen bestrahlt. SO_2 und in besonders starkem Maße HCl förderten den Lichtabbau von PA 6. Während SO_2 im Dunkeln im untersuchten Konzentrationsbereich keinen Einfluß ausübte, wirkte gasförmige HCl auch ohne gleichzeitige Belichtung schädigend. Bei Bestrahlung in einer Stickstoffatmosphäre traten auch bei Anwesenheit von SO_2 bzw. H_2S keine Schädigungen auf. CO_2 wirkte im untersuchten Bereich nicht abbaufördernd.

DK 677.1/.5:687:677.017.323:677.017.87:677.017.881

Haase, Jürgen

Theoretische Betrachtungen zur bekleidungshygienischen Bedeutung der Hygroskopizität von Faserstoffen

Faserforsch. u. Textiltechnik/Z. Polymerforsch. **25** (1974) 4, S. 165—167. 3 Abb., 9 Lit.

In der Arbeit wird mittels eines physikalischen Modells zur Berechnung des Mikroklimas der Versuch unternommen, den Einfluß der unterschiedlichen Hygroskopizität von Synthese- und Naturfaserstoffen auf den Tragekomfort einer Bekleidung quantitativ abzuschätzen. Es zeigt sich, daß eine hautnah getragene Polyamidbekleidung im Vergleich zu Baumwolle bei plötzlich erhöhter Feuchteabgabe des Körpers und zu geringer Wasserdampfdurchlässigkeit der Bekleidung etwa doppelt so schnell zu unangenehmen, feuchtschwülen Trageempfindungen führt.

Faserforschung und Textiltechnik 25 (1974) Heft 4
Zeitschrift für Polymerforschung

Zur Kinetik der Polychinoxalin-Bildung[1])

Roland Gnauck, Heinz Raubach und Erika Schimke

Akademie der Wissenschaften der DDR, Zentralinstitut für organische Chemie, Bereich Makromolekulare Verbindungen

Prof. V. V. Koršak zur Vollendung des 65. Lebensjahres gewidmet

DK 678.675—952:547.863.1:[66.095.3:678.6]:541.127.1:543.544.25:543.712

Durch gaschromatographische Wasserbestimmung wird die Kinetik der Polykondensation von 4,4′-Bis-(phenylglyoxalyl)-diphenyläther mit 3,3′-Diaminobenzidin in m-Kresol und in Benzylalkohol verfolgt.

О кинетике образования полихиноксалина

Путем определения содержания воды методом газовой хроматографии исследовалась кинетика процесса поликонденсации 4,4′-бис-(фенилглиоксалил)-дифенилового эфира с 3,3′-диаминобензидином в среде м-крезола и бензилового спирта.

Kinetics of the Formation of Quinoxaline

The kinetics of the polycondensation of 4,4′-bis-(phenylglyoxalyl)-diphenylether with 3,3′-diaminobenzidine in m-cresol and benzylalcohol has been investigated by gaschromatographic determination of water.

1. *Problemstellung*

In den letzten Jahren sind zahlreiche Polychinoxaline durch Polykondensation von aromatischen Tetraaminen mit aromatischen Tetracarbonylverbindungen sowohl in Lösung als auch in der Schmelze synthetisiert worden [1 bis 4]. Über eine spezielle kinetische Untersuchung ist vor kurzem von *Hagenauer* und *Mulligan* [5, 6] berichtet worden. Gegenstand ihrer Untersuchung war die Polykondensation von 3,3′,4,4′-Tetraaminodiphenyl mit 4,4′-Bis[phenylglyoxalyl]-benzol in m-Kresol.

Als analytische Methode verwendeten die Autoren die Viskosimetrie. Daneben wurde die UV-Spektroskopie angewandt. Anhand der Zunahme des Peaks bei 390 bis 406 nm, der dem Chinoxalinring zugeordnet wurde, verfolgten sie die Reaktion in sehr verdünnten Lösungen (0,005 m) über der Zeit. Es wurde eine Reaktion zweiter Ordnung mit folgenden Geschwindigkeitskonstanten

$$K_{II} = 13{,}3 \text{ mol}^{-1} \text{ min}^{-1} \text{ für } 0{,}005 \text{ m Lösung (UV-Spektroskopie)},$$

$$K_{II} = 13{,}2 \text{ mol}^{-1} \text{ min}^{-1} \text{ für } 0{,}04 \text{ m Lösung (Viskosimetrie)}$$

und

$$K_{II} = 21{,}2 \text{ mol}^{-1} \text{ min}^{-1} \text{ für } 0{,}20 \text{ m Lösung (Viskosimetrie)}$$

gefunden.

Die höhere Geschwindigkeitskonstante für die 0,20 mol Lösung erklären die Autoren mit einer möglichen Verzweigung. Auf dem Fakt, daß für 0,005 mol und 0,04 mol Lösungen gleiche *K*-Werte erhalten werden, gehen die Autoren nicht ein. Aufgabe der vorliegenden Arbeit ist es, die Kenntnisse zur Kinetik der Polychinoxalin-Bildung zu erweitern. In diesem Zusammenhang wird auch die Chinoxalinring-Bildung an niedermolekularen Verbindungen studiert.

Zur Untersuchung gelangen die in Bild 1 dargestellten Verbindungen, wobei die angegebenen Reaktionen kinetisch verfolgt werden: Der Ablauf der Reaktionen wird durch gaschromatographische Bestimmung des entstehenden Wassers beobachtet. In analoger Weise wurde bereits von *Wrasidlo* [7] die Polybenzimidazolbildung untersucht.

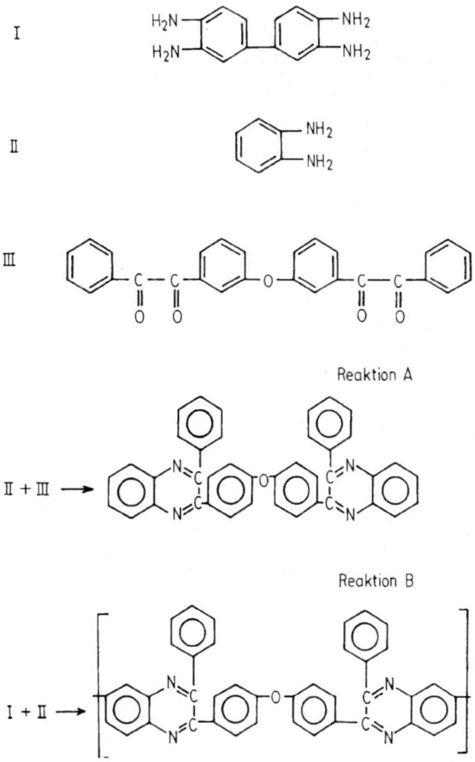

Bild 1. Untersuchte Verbindungen und Reaktionen

I. 3,3′-Diaminobenzidin
II. o-Phenylendiamin
III. 4,4′-Bis-(phenylglyoxalyl)-diphenyläther

2. *Experimentelle Methodik*

In einem doppelwandigen temperierbaren Gefäß wird die Aminokomponente im Lösungsmittel vorgelegt und mit Hilfe eines Magnetrührers gerührt. Die gelöste Carbonylkomponente wird dann in einem Guß hinzugefügt und sofort aus dem Reaktionsgemisch eine Probe von 4 µl mittels einer 5 µl-*Hamilton*-Dosierspritze für die gaschromatografischen Messungen entnommen.

[1]) Teil der Dissertation *E. Schimke*.

Die Probe wird auf eine 1 m lange PORAPAK Q-Säule gegeben.

Angaben zur Gaschromatographie:
Injektortemperatur: 100 °C,
Trennsäulentemperatur: 145 °C,
Trennsäule: 1 m PORAPAK Q, 60/80 mesh,
Trägergas: 4,2 l/h Wasserstoff,
Detektor: WLD,
Detektorstrom: 250 mA,
Papiervorschub: 1200 mm/h,
Gerät: Chromatron 18.3-4.

Die Probenahme erfolgte im Abstand von 1 min. Als Lösungsmittel für die Kondensation und Polykondensation werden m-Kresol bzw. Benzylalkohol[1]) eingesetzt.

Die Reaktionen werden in m-Kresol bei 25 °C, in Benzylalkohol darüber hinaus bei 35 und 45 °C durchgeführt. Bei der Kondensation werden 0,5 m Lösungen und bei der Polykondensation 0,2 m Lösungen auf Grund der Löslichkeit und Viskosität verwendet. Das Gesamtvolumen des Reaktionsansatzes beträgt bei 0,2 m Lösungen 32 ml, bei 0,5 m Lösungen 37 ml.

3. *Ergebnisse und Diskussion*

Alle untersuchten Reaktionen verlaufen nach einer zweiten Ordnung. Dabei ist die Reaktionsgeschwindigkeit in Benzylalkohol in allen Fällen geringer als die in m-Kresol. Dies verdeutlicht Bild 2, das die Umsatz/Zeit-Kurven für die Polykondensation in m-Kresol bzw. Benzylalkohol angibt. Ein analoges Bild ergibt sich für die Modell-Kondensation (Reaktion A). Durch Auftragen von

$$\left[\frac{1}{[x]_\infty - [x]_t}\right] \text{ gegen } t([x] = [H_2O])$$

wird für die Reaktionen A und B in m-Kresol bei 25 °C die Reaktionsordnung ermittelt (Bild 3).

In Benzylalkohol werden bei Temperaturen von 25, 35 und 45 °C die in Bild 4 gezeigten Kurven erhalten.

[1]) Unseres Wissens ist die Polychinoxalinbildung in Benzylalkohol erstmals von Dr. *A. M. Berlin* vom Institut für elementorganische Verbindungen (INEOS), Moskau, der Akademie der Wissenschaften der UdSSR durchgeführt worden.

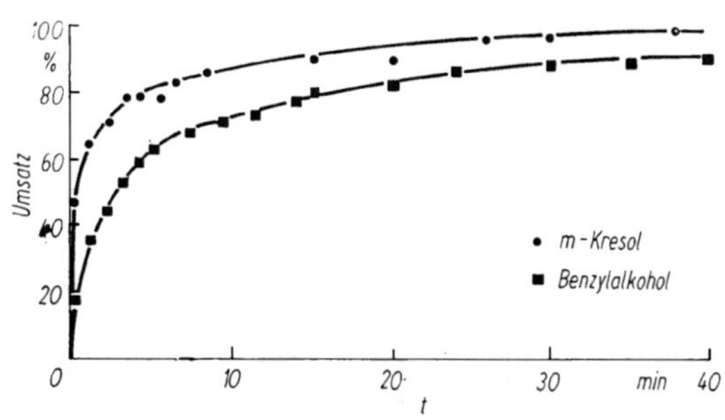

Bild 2. Reaktion von 3,3'-Diaminobenzidin mit 4,4'-Bis-(phenylglyoxalyl)-diphenyläther bei 25 °C

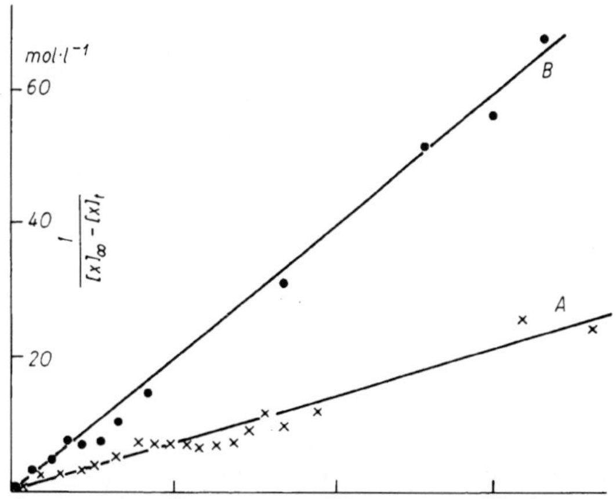

Bild 3. Reaktion von o-Phenylendiamin mit 4,4'-Bis-(phenylglyoxalyl)-diphenyläther (Reaktion A) und Reaktion von 3,3'-Diaminobenzidin mit 4,4'-Bis-(phenylglyoxalyl)-diphenyläther (Reaktion B) in m-Kresol bei 25 °C

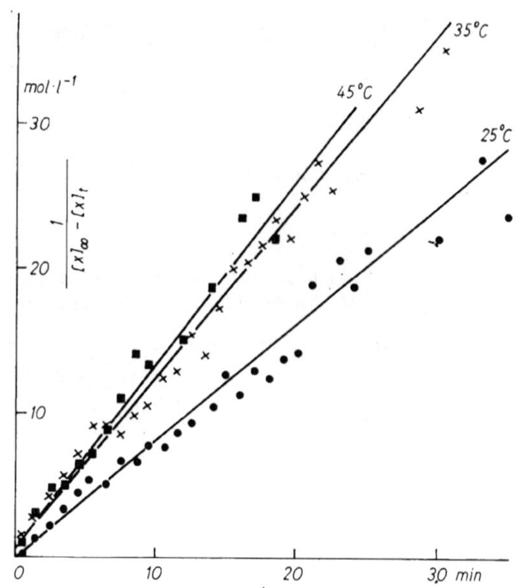

Bild 4. Reaktion von o-Phenylendiamin mit 4,4'-Bis-(phenylglyoxalyl)-diphenyläther in Benzylalkohol in Abhängigkeit von der Temperatur

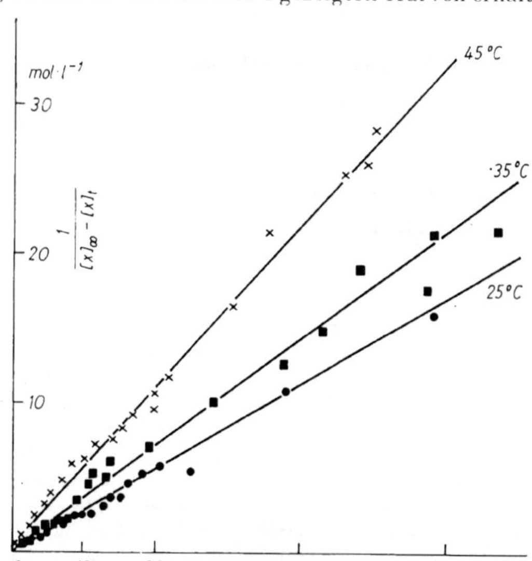

Bild 5. Reaktion von 3,3'-Diaminobenzidin mit 4,4'-Bis-(phenylglyoxalyl)-diphenyläther in Benzylalkohol in Abhängigkeit von der Temperatur

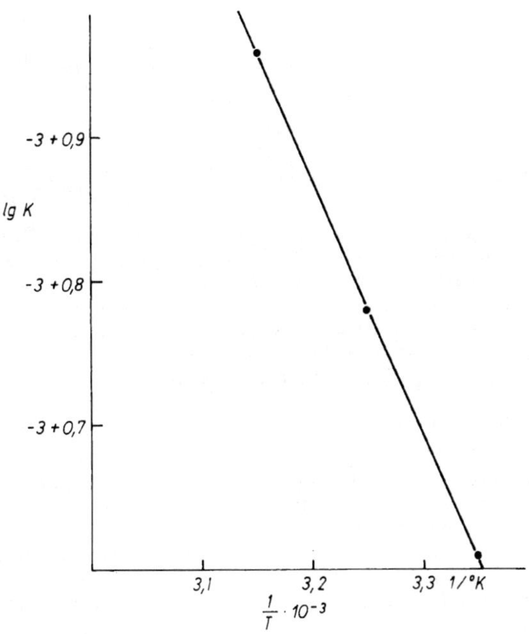

Bild 6. lg K-1/T-Diagramm der Reaktion von o-Phenylendiamin mit 4,4'-Bis-(phenylglyoxalyl)-diphenyläther in Benzylalkohol

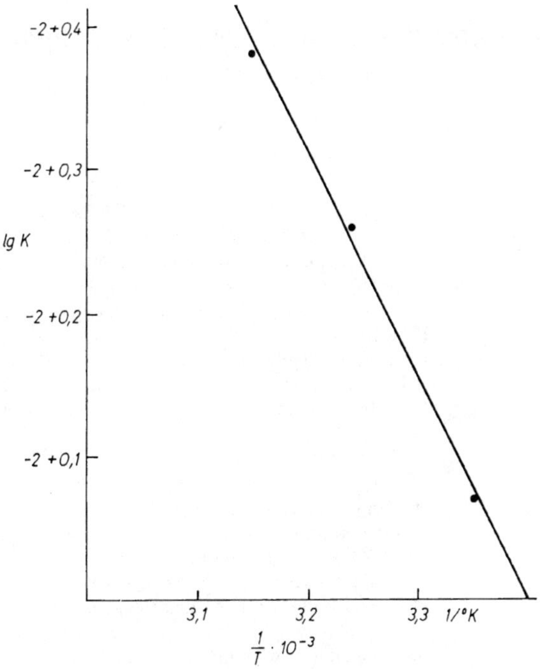

Bild 7. lg K-1/T-Diagramm der Reaktion von 3,3'-Diaminobenzidin mit 4,4'-Bis-(phenylglyoxalyl)-diphenyläther in Benzylalkohol

Tabelle 1. Geschwindigkeitskonstanten

Lösungsmittel	Temperatur (°C)	Geschwindigkeitskonstanten l/mol · s Modellreaktion (Reaktion A)	Polykondensation (Reaktion B)
m-Kresol	25	$1{,}49 \cdot 10^{-2}$	$4{,}01 \cdot 10^{-2}$
Benzylalkohol	25	$4{,}09 \cdot 10^{-3}$	$1{,}18 \cdot 10^{-2}$
	35	$6{,}1 \cdot 10^{-3}$	$1{,}87 \cdot 10^{-2}$
	45	$9{,}0 \cdot 10^{-3}$	$2{,}42 \cdot 10^{-2}$

Für die in Benzylalkohol bei 25, 35 und 45 °C durchgeführte Reaktion B werden die in Bild 5 dargestellten Kurven erhalten.

Tabelle 1 gibt einen Überblick über die ermittelten Geschwindigkeitskonstanten.

Beim Auftragen der log K-Werte der Reaktion A bzw. B in Benzylalkohol gegen 1/T ergeben sich die in den Bildern 6 bzw. 7 angegebenen Kurven.

Daraus errechnen sich folgende Aktivierungsenergien: für die Modellreaktion (Reaktion A): 7,69 kcal/mol, für die Polykondensation (Reaktion B): 7,32 kcal/mol.

Zusammenfassung

Durch gaschromatographische Bestimmung von Wasser wird die Kinetik der Polykondensation von 3,3'-Diaminobenzidin mit 4,4'-Bis-(phenylglyoxalyl)-diphenyläther in m-Kresol bzw. Benzylalkohol untersucht.

Es wird festgestellt, daß diese Polykondensation analog der Modell-Kondensation von o-Phenylendiamin mit 4,4'-Bis-(phenylglyoxalyl)-diphenyläther sowohl in m-Kresol als auch in Benzylalkohol als Reaktion zweiter Ordnung abläuft.

Von den genannten Reaktionen werden die Geschwindigkeitskonstanten bestimmt.

Die Geschwindigkeitskonstanten der Reaktionen in m-Kresol sind größer als die der analogen Reaktionen in Benzylalkohol.

Für die in Benzylalkohol ablaufende Polykondensation beträgt die Aktivierungsenergie 7,32 kcal/mol, für die Modell-Kondensation 7,69 kcal/mol.

Literatur

[1] *de Gaudemaris, G. P.*, und *Sillion, B. J.:* New polymers obtained by polyheterocyclization: Polyquinoxalines. J. Polymer Sci., Part B **2** (1964) 2, S. 203–207.
[2] *Stille, J. K.*, und *Williamson, J. R.:* Polyquinoxalines. J. Polymer Sci., Part B **2** (1964) 2, S. 209–211.
[3] *Hergenrother, P. M.*, und *Levine, H. H.:* Phenyl-substituted polyquinoxalines. J. Polymer Sci. A-1: Polymer Chem. **5** (1967) 6, S. 1453–1466.
[4] *Wrasidlo, W.*, und *Augl, J. M.:* Phenylated polyquinoxalines from 1,4-bis(phenylglyoxaloyl)benzene. J. Polymer Sci., B: Polymer Letters **7** (1969) S. 281–286.
[5] *Hagnauer, G. L.*, und *Mulligan, G. D.:* IUPAC-Symposium on Macromolecules, Helsinki 1973, Preprint I-76, Vol. I, S. 469.
[6] *Hagnauer, G. L.*, und *Mulligan, G. D.:* Polymerization kinetics and characterization of a Poly(phenylquinoxaline). Macromolecules, Washington **6** (1973) 4, S. 477–482.
[7] *Wrasidlo, W.*, und *Levine, H. H.:* Polybenzimidazoles. I. Reaction mechanism and kinetics. J. Polymer Sci., A: General Papers **2** (1964) 11, S. 4795–4808.

Eingegangen am 7. Januar 1974

Folienfaserstoffe aus Polymermischungen

II. Mitt.: Modell zur Abschätzung der Fibrillierneigung[1])

Werner Berger und Hans-Werner Kammer

Technische Universität Dresden, Sektion Chemie

DK 678—416:677.021.127:678.675'126:678.742.2:678.674'524'420:539.215:539.216.1

Es wird ein einfaches Modell zur Abschätzung der Fibrillierneigung von Folien aus Polymermischungen entwickelt. Grundlage des Modells ist die Energiebilanz an einem Mikroriß, in der Grenzflächen- und elastische Kräfte berücksichtigt werden. Unterscheiden sich die elastischen Eigenschaften der Mischungskomponenten nicht, wird die Fibrillierung allein durch die Grenzflächenenergien der Polymeren bestimmt und ist deshalb im Bereich der Phasenumkehr am größten. Im allgemeinen sind aber sowohl elastische als auch Grenzflächenenergien zu berücksichtigen. Unter diesen Bedingungen ist die Fibrillierneigung keinesfalls im Phasenumkehrbereich am größten. Das Modell wird auf Mischungen aus Polyäthylen und Polyamid sowie Polyäthylen und Polyester angewendet.

Пленочные волокна на основе смесей полимеров.

Сообщ. II.: Модель для оценки склонности к фибрилляции

Предложена простая модель для оценки склонности пленок из смесей полимеров к фибрилляции. Основой модели является баланс энергии на микротрещине, который учитывает поверхностные и эластические усилия. При одинаковых эластических свойствах компонентов смесей процесс фибрилляции определяется только величинами поверхностной энергии полимеров, в связи с чем он наиболее интенсивно протекает в области обращения фаз. Как правило, однако, следует учитывать как эластическую, так и поверхностную энергию. В этих условиях склонность к фибрилляции не в коем случае не оказывается максимальной в области обращения фаз.
Описываемая модель применялась для смеси полиэтилена с полиамидом и полиэтилена с полиефиром.

Split Fibres from Polymer Blends.

II. Comm.: Model and Estimation of the Fibrillation Power

A simple model for estimating the fibrillation power of films of polymer blends is proposed which is based on the energy balance involving interfacial and elastic forces in microcracks. If there is no difference between elastic properties of the blended components, the fibrillation is affected only by the interfacial energy of the polymer and, therefore, reaches its highest value in the region of phase inversion. In general, both elastic and interfacial energy is involved. Under these conditions the fibrillation reaches its highest value not in the region of phase inversion. The model is applied to blends of polyethylene with polyamide and of polyethylene with polyester.

Einleitung

Die traditionellen Verfahren zur Herstellung synthetischer Fäden und Fasern sind in den letzten Jahren durch eine technologische Neuentwicklung erweitert worden: Die Fibrillierung gereckter Polymerfolien [1]. Unter Fibrillieren versteht man das mehrfache Aufspalten eines in Längsrichtung gereckten Folienbandes zu einem lose zusammenhängenden Faserverband. Neigung zur Fibrillierung zeigen vor allem Polyäthylen und Polypropylen.

Vom molekularen Standpunkt kann man sagen, daß die Herstellung von Fasern aus gereckten Folien darauf beruht, daß die Polymermoleküle durch das Recken in einer bestimmten Richtung ausgerichtet werden. Die unterschiedliche Größe der Wechselwirkungen in Längs- und Querrichtung bringt es mit sich, daß die Folie aufspaltbar ist. Polymere mit starken zwischenmolekularen Wechselwirkungen (z. B. Polyester, Polyamide) zeigen keine Fibrillierneigung. Es muß aber sofort hinzugefügt werden, daß sich die Fibrillierbarkeit bestimmter Folien nicht allein auf molekularem Niveau verstehen läßt. Von entscheidendem Einfluß ist die mikroheterogene Struktur von Polymeren, deren Ausbildung auch vom Herstellungsprozeß der Folie abhängig ist. Schwache Wechselwirkungen zwischen übermolekularen Strukturen begünstigen den Zerfall der Folie in Fasern.

Besonders ausgeprägte Inhomogenitäten kann man erzeugen, wenn man Polymere miteinander mischt. Dieser Fakt ist bedeutungsvoll bei der Untersuchung der Fibrillierbarkeit von Polymermischungen.

Wir beschäftigen uns mit den physikalisch-chemischen Eigenschaften von Polymermischungen unter dem Gesichtswinkel der Fibrillierung. Dieses Problem ist außerordentlich komplex. Wir haben folgendes Schema unserem Vorgehen zugrunde gelegt:

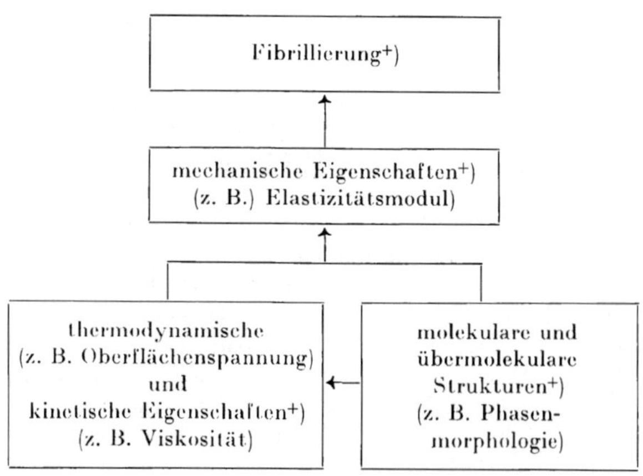

+) von Polymermischungen

Vom makroskopischen Standpunkt wird die Fibrillierung durch die mechanischen Eigenschaften der Folie bestimmt, die ihrerseits wiederum durch thermodynamische und kinetische Eigenschaften und durch die vorliegenden molekularen Strukturen geprägt werden.

[1]) I. Mitt. s. [1].

Bild 1. Struktur einer Mischung von Polyamid und Polyäthylen. In einer Polyamid-Matrix sind Polyäthyleninseln eingelagert

Zur Struktur von Polymermischungen

Polymere sind im allgemeinen nicht mischbar. Auf Grund starker zwischenmolekularer Wechselwirkungen der reinen Polymeren und der geringen Beweglichkeit der Polymermoleküle bilden sich mikroheterogene Systeme aus. Bild 1 zeigt eine lichtmikroskopische Aufnahme zur Struktur der Polymermischung Polyamid (PA)/Polyäthylen. Es ist eine Insel/Matrix-Struktur zu erkennen. In einer Matrix des PA sind Inseln des Polyäthylens eingelagert. In solchen Zweiphasensystemen hat die disperse Phase annähernd Kugel-, elliptische oder zylindrische Form. In gewissen Zusammensetzungsbereichen können beide Komponenten kontinuierlich oder dispers vorliegen. Außerdem kann man eine Phasenumkehr beobachten, die disperse Phase wird kontinuierlich und umgekehrt. Diese verschiedenen Phasenmorphologien beeinflussen die makroskopischen Eigenschaften der Polymermischungen.

Modell zur Fibrillierung

Zur Formulierung einer Modellvorstellung über die Fibrillierung, die auch quantitative Aussagen gestattet, muß man — wie in der Einleitung ausgeführt wurde — von den mechanischen Eigenschaften ausgehen.

Durch die Einwirkung äußerer Spannungen auf die Folie entstehen Mikrorisse, die Ausgangspunkt für den Zerfall der Folie in Fasern sind. Die Wahrscheinlichkeit für das Entstehen eines Mikrorisses ist

$$w \sim \exp\left[-\frac{\Delta G}{RT}\right], \tag{1}$$

wobei ΔG die (minimale) Arbeit ist, die zur Entstehung eines Mikrorisses unter dem Einfluß äußerer Spannungen aufzubringen ist. ΔG setzt sich aus zwei Anteilen zusammen: Beim Entstehen eines Risses erhöht sich die Oberflächenenergie und sinkt die elastische Energie.

Wir betrachten eine Polymermischung aus den Komponenten A und B, in der die Komponente B die disperse Phase ist. Ihr Volumenbruch sei Φ_B; bei dichtester Packung (am Phasenumkehrpunkt) habe die disperse Phase den Volumenbruch Φ_m.

Unter der Einwirkung einer äußeren Spannung σ entstehen sowohl in der Matrix als auch an den Phasengrenzflächen zwischen den beiden Polymeren Risse, deren Verteilung auf Matrix und Grenzflächen von der Zusammensetzung der Mischung abhängt. Für die mittlere Energie, die zur Erzeugung eines Spaltes in einer Mischung mit der Zusammensetzung Φ_B aufzuwenden ist, erhält man

$$\Delta G = \frac{\Phi_B}{\Phi_m}\Delta G_G + \left(1 - \frac{\Phi_B}{\Phi_m}\right)\Delta G_M, \tag{2}$$

wobei ΔG_G und ΔG_M die Energien sind, die zur Erzeugung eines Risses an der Grenzfläche bzw. in der Matrix aufzubringen sind. ΔG_G und ΔG_M setzen sich aus den entsprechenden Grenzflächen- und elastischen Energien zusammen. Für einen Spalt der Länge $2L$ folgt:

$$\Delta G_G = 2L(\gamma_A + \gamma_B - \gamma_{AB}) - \frac{(1-\nu^2)\,\sigma^2}{2E_M}\,L^2$$

und (3)

$$\Delta G_M = 4L\gamma_A - \frac{(1-\nu^2)\,\sigma^2}{2E_A}\,L^2;$$

E_M, E_A = Elastizitätsmodul der Mischung bzw. der Komponente A,
ν = *Poisson*sche Zahl,
γ_A, γ_B, γ_{AB} = Oberflächenspannungen der Komponenten A und B bzw. Grenzflächenspannung zwischen A und B.

In (3) ist vorausgesetzt, daß sich die Spaltlängen in der Matrix und an der Grenzfläche nicht unterscheiden.

Die Energie $\Delta G(L)$ nach (2) hat ein Maximum bei

$$2L_{\text{krit}} = \frac{2\Phi_B(\gamma_A + \gamma_B - \gamma_{AB}) + (\Phi_m - \Phi_B)4\gamma_A}{\left[\Phi_B\,\frac{(1-\nu^2)}{2E_M} + (\Phi_m - \Phi_B)\,\frac{(1-\nu^2)}{2E_A}\right]\sigma^2}. \tag{4}$$

Unter der Bedingung $2L = 2L_{\text{krit}}$ liegt demnach ein instabiles Gleichgewicht vor: Für $2L < 2L_{\text{krit}}$ ist das „Zusammenfallen" des Spaltes energetisch günstig, für $2L > 2L_{\text{krit}}$ wächst der Spalt spontan an. Eine analoge Beziehung zwischen Spannung und Rißlänge ist aus der Elastizitätstheorie bekannt [2].

Damit ein Mikroriß der Länge $2L$ spontan wächst, muß nach (4) die kritische Spannung

$$\sigma_{\text{krit}} = \sqrt{\frac{2\Phi_B(\gamma_A + \gamma_B - \gamma_{AB}) + (\Phi_m - \Phi_B)\,4\gamma_A}{\left[\Phi_B\,\frac{(1-\nu^2)}{2E_M} + (\Phi_m - \Phi_B)\,\frac{(1-\nu^2)}{2E_A}\right]L2}} \tag{5}$$

überschritten werden. Bei der Herleitung der Gleichung (5) haben wir plastische Deformationen unter dem Einfluß äußerer Spannungen vernachlässigt.

Man sollte aus (5) zumindest relative Aussagen über die Fibrillierung gewinnen können. Wir betrachten $1/\sigma_{\text{krit}}$ als Maß der Fibrillierung f und beziehen alle weiteren Aussagen auf Niederdruckpolyäthylen (PÄ), von dem wir wissen, daß es gut fibrilliert. Für die (relative) Fibrillierung einer Polymermischung aus den Komponenten A und B im Vergleich zur Fibrillierung von PÄ erhalten wir unter den vereinfachenden Voraussetzungen, daß sich die *Poisson*-Zahlen ν für die Polymere und die Länge der Mikrorisse nicht unterscheiden aus (5):

$$f_{rel} \equiv \frac{\sigma_{krit}^{PÄ}}{\sigma_{krit}^{M}} = \sqrt{\frac{2\gamma_{PÄ}\frac{E_{PÄ}}{E_M}\left[\Phi_B + (\Phi_m - \Phi_B)\frac{E_M}{E_A}\right]}{\Phi_B(\gamma_A+\gamma_B-\gamma_{AB}) + (\Phi_m - \Phi_B)2\gamma_A}} \quad (6)$$

und für die Fibrillierung eines Polymeren A im Vergleich zur Fibrillierung von PÄ folgt aus (6)

$$f_{rel} \equiv \frac{\sigma_{krit}^{PÄ}}{\sigma_{krit}^{A}} = \sqrt{\frac{E_{PÄ}\gamma_{PÄ}}{E_A\gamma_A}}. \quad (7)$$

Diskussion

Die Fibrillierung wird nach (5) durch das Verhältnis der Elastizitätsmoduli und durch die Grenzflächen- bzw. Oberflächenspannungen bestimmt.

Der Elastizitätsmodulus einer Polymermischung hängt von den elastischen Eigenschaften der Komponenten und der Morphologie der Mischung ab. *Halpin* und *Tsai* [3] sowie *Nielsen* [4] haben gezeigt, daß bei bekannter Morphologie einer Polymermischung ihr Elastizitätsmodulus in guter Näherung aus den Elastizitätsmoduli der Komponenten berechenbar ist. Sie geben die folgende halbempirische Beziehung für ein System aus den Komponenten A und B an, in dem die Komponente A die Matrix ist:

$$\frac{E_M}{E_A} = \frac{1 + ab\Phi_B}{1 - b\Phi_B} \quad \text{mit} \quad b = \frac{E_B/E_A - 1}{E_B/E_A + a}. \quad (8)$$

Im umgekehrten Falle, wenn die Komponente B die Matrix und A die disperse Phase ist, gilt

$$\frac{E_M}{E_B} = \frac{1 - b'\Phi_A}{1 + (1/a)b'\Phi_A} \quad \text{mit} \quad b' = \frac{E_B/E_A - 1}{E_B/E_A + 1/a}. \quad (9)$$

Φ_i ist wieder der Volumenbruch der Komponente i in der Mischung und a eine empirische Konstante, die durch die Morphologie des Systems bestimmt wird. Für stark elliptisch verformte Inseln in einer Matrix, die transversal zu ihrer Längsachse belastet werden, gilt $a = 0{,}5$ [3].

Im folgenden untersuchen wir Mischungen aus PÄ und PA bzw. Polyester (PÄT). Die Elastizitätsmoduli dieser Polymeren verhalten sich etwa wie 1:2 bzw. wie 1:4.

Um aus der Beziehung (6) Aussagen über die Fibrillierung zu erhalten, sind weiterhin Angaben über die Oberflächen- und Grenzflächenspannungen der Polymeren bei Zimmertemperatur erforderlich. Die Oberflächenspannungen von Polymerschmelzen und deren Temperaturabhängigkeit wurden von *Olbricht* [5] gemessen. Extrapoliert man die vorliegenden Werte auf Zimmertemperatur, folgen die in Tabelle 1 aufgeführten Werte. Man sieht, daß der Wert für PÄ gut mit den von *Gaines* [6] veröffentlichten Werten übereinstimmt. Weiterhin sind in Tabelle 1 die benötigten Grenzflächenspannungen zusammengestellt. Sie wurden nach der Beziehung von *Girifalco* [7]

$$\gamma_{AB} = \gamma_A + \gamma_B - 2\Phi\sqrt{\gamma_A\gamma_B} \quad (10)$$

abgeschätzt, wobei $\Phi = 0{,}8$ angenommen wurde.

Tabelle 1. Oberflächen- und Grenzflächenspannungen bei 20 °C

Polymers	Oberflächenspannung $dyncm^{-1}$	Oberflächenspannung nach [5] $dyncm^{-1}$	Grenzflächenspannung AB $dyncm^{-1}$
PÄ	36,5	35,6···37,4	
PA	37,5	—	PÄ/PA 15
PÄT	62	—	PÄ/PÄT 22,5

Mit den angegebenen Werten für die Grenzflächenspannungen und die Elastizitätsmoduli kann man aus der Beziehung (6) unter Verwendung von (8) und (9) relative Aussagen über die Fibrillierneigung von Polymermischungen erhalten[2]). In Bild 2 sind die Ergebnisse für Mischungen aus PÄ und PA gezeigt. Unterscheiden sich die elastischen Eigenschaften beider Komponenten nicht (gleiche Elastizitätsmoduli), so wird die Fibrillierung allein durch die Grenzflächenenergien der Polymeren bestimmt und ist deshalb im Bereich der Phasenumkehr am größten.

Im allgemeinen beeinflussen aber sowohl elastische als auch Grenzflächenenergien die Fibrillierung. Man sieht, daß sich bei Mischungen aus PÄ und PA das Maximum der Fibrillierneigung mit zunehmendem Verhältnis der Elastizitätsmoduli beider Komponenten nach immer kleineren PA-Gehalten verschiebt. Die Störungen, die durch die PA-Inseln hervorgerufen werden, unterstützen bei kleinen Konzentrationen die Fibrillierneigung des PÄ. Mit zunehmender Konzentration von PA nimmt die Fibrillierneigung jedoch ab. Das ist verständlich, da in zunehmendem Maße das schlechtfibrillierende PA die Struktur der Mischung bestimmt. Außerdem beobachtet man, daß das Maximum der Fibrillierung mit zunehmendem Verhältnis der Elastizitätsmoduli niedriger wird.

[2]) Für den Volumenbruch bei dichtester Packung der dispersen Phase wird $\varnothing_m = 0{,}6$ gesetzt.

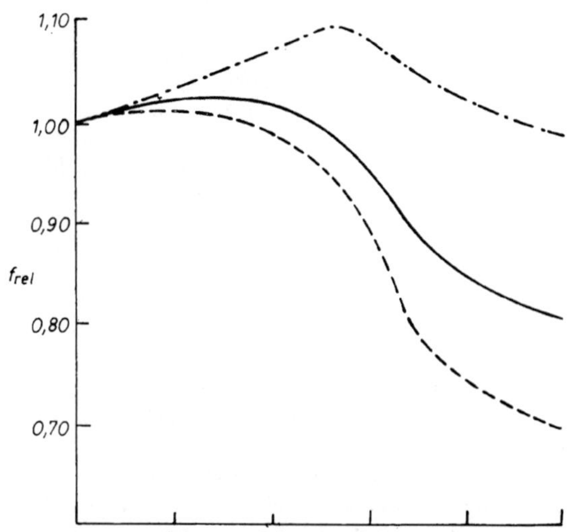

Bild 2. Relative Fibrillierung von Mischungen aus PÄ und PA für verschiedene Verhältnisse der Elastizitätsmoduli von PÄ und PA: 1 (-·-·-); 0,5 (– – –); 0,667 (——)

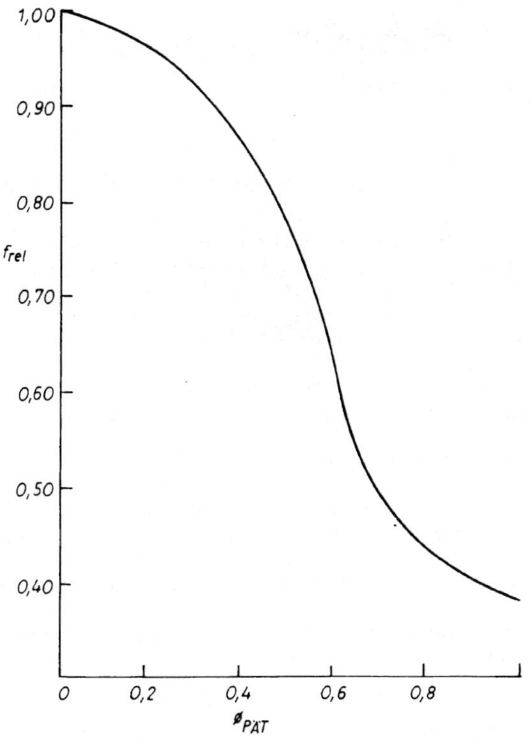

Bild 3. Relative Fibrillierung von Mischungen aus PÄ und PÄT

Bild 3 zeigt die Ergebnisse für Mischungen aus PÄ und PÄT. Das Verhältnis der Elastizitätsmoduli beider Komponenten ist relativ groß, während die Terme $(\gamma_A + \gamma_B - \gamma_{AB})$ und $2\gamma_A$ etwa gleich groß sind. Deshalb sinkt die Fibrillierneigung von Mischungen aus beiden Polymeren mit zunehmender Konzentration von PÄT.

Nach Beziehung (6) ist die Fibrillierneigung von Mischungen um so geringer, je größer das Verhältnis der Elastizitätsmoduli von disperser Phase und Matrix wird.

Die entwickelte Vorstellung zeigt, daß die Fibrillierneigung durch das Zusammenwirken von Grenzflächen- und elastischen Eigenschaften der Polymermischung bestimmt wird. Indirekten Einfluß hat die Phasenmorphologie, da von ihr die mechanischen Eigenschaften der Polymermischung abhängen.

Das vorliegende Modell muß ergänzt werden durch genauere Untersuchungen über die Größe und Verteilung der Mikrorisse und vor allem über den Einfluß plastischer Verformungen, die hier unberücksichtigt geblieben sind.

Literatur

[1] *Berger, W.*, und *Schmack, G.*: Untersuchungen zur Fibrillierung von Folien aus Polymermischungen. Textiltechnik **24** (1974) 1, S. 36–41.

[2] *Eley, D. D.*: Adhesion, Chap. 4. Oxford: Oxford University Press 1961.

[3] *Ashton, J. E.*, *Halpin, J. C.*, und *Petit, P. H.*: Primer on composite analysis. Chap. 5, Stamford/Conn.: Technomic Publ. Co., 1969.

[4] *Nielsen, L. E.*: Generalized equation for the elastic moduli of composite materials. J. appl. Physics **41** (1970) 11, S. 4626–4627.

[5] *Olbricht, K.*: TU Dresden, Sektion Chemie; unveröffentlichte Messungen.

[6] *Gaines, G. L.*: Surface and interfacial tension of polymer liquids — A review. Polymer engng. Sci. **12** (1972) 1.

[7] *Girifalco, L. A.*, und *Good, R. J.*: A theory for the estimation of surface and interfacial energies. I. Derivation and application to interfacial tension. J. physic. Chem. **61** (1957) 7, S. 904–909.

[8] *Souheng Wu*: Surface and interfacial tensions of polymer melts. I. Polyethylene, polyisobutylene, and polyvinyl acetate. J. colloid. interface Sci. **31** (1969) 2, S. 153–161.

Eingegangen am 8. Januar 1974

Faserforschung und Textiltechnik 25 (1974) Heft 4
Zeitschrift für Polymerforschung

Spinnen von Polymermischungen aus Polyacrylnitril und Polymethylmethacrylat

Kiril Dimov und E. Dilova

Höheres Chemisch-technologisches Institut, Sofia/Bulgarien

DK 678.745.32:678.744.335:677.494[Bikomp.]:677.021.125.26—913.3:677.021.125.3:677.017

Es wurde die Möglichkeit untersucht, Polymermischungen aus Polyacrylnitril und Polymethylmethacrylat unter Anwendung von Dimethylformamid als Lösungsmittel zu Fäden zu spinnen. Mit Hilfe eines drehbaren zentralsymmetrischen Versuchsplanes wurde der Einfluß des Polymethylmethacrylatgehalts und des Reckgrades auf die physikalisch-mechanischen Eigenschaften der Fäden untersucht. In den abgegrenzten optimalen Bereichen weisen diese Fäden im Vergleich zu denjenigen aus PVY und dem Copolymeren AN/MMA (9% MMA) für einige physikalisch-mechanische Kennziffern bessere Werte auf.
Die Ermittlung des Optimalbereichs für den Zusatz von PMMA ($M = 150000$) zu PVY bietet die Möglichkeit, PMMA mit unterschiedlicher rel. Molekülmasse in Abhängigkeit von den Reckbedingungen anzuwenden.

Формование волокон из смесей полиакрилонитрила с полиметилметакрилатом

Изучена возможность формования волокон из смесей полиакрилонитрила с полиметилметакрилатом с применением диметилформамида в качестве растворителя. При помощи вращаемого центрально-симметрического плана экспериментов изучено влияние содержания ПММА в смеси и степени вытяжки на физико-механические свойства волокон. В ограниченных оптимальных пределах опытные волокна, по сравнению с волокнами из ПАН и сополимера АН с ММА (9%), показывают повышенные значения некоторых показателей.
Определение оптимальной области добавки ПММА ($M = 150000$) к ПАН дает возможность применения ПММА с различным молекулярным весом в зависимости от условий вытяжки.

Spinning of Polymer Blends of Polyacrylonitrile and Polymethylmethacrylate

The possibility of spinning fibers from polymer blends of polyacrylonitrile and polymethylmethacrylate with dimethylformamide as solvent has been investigated. Based on changeable symmetric experimental planning the effect of the polymethylmethacrylate content and degree of drawing on the mechanical properties of the fibres was determined. In limited regions of optimum conditions the fibers obtained exhibit superior data of some mechanical characteristics if compared with fibres from polyacrylonitrile and acrylonitrile-methylmethacrylate copolymers (9% methylmethacrylate). The determination of optimum amounts of polymethylmethacrylate ($M = 150{,}000$) added to polyacrylonitrile opens a way of applying, with respect to the drawing conditions, polymethylmethacrylates having different molecular weight.

1. Einleitung

Die Herstellung von Fasern aus Polymermischungen bezweckt eine Verbesserung der komplexen Gebrauchseigenschaften der Fasern und in Abhängigkeit von ihrer Bestimmung in der Textilindustrie oder für technische Zwecke die Verleihung von neuen Eigenschaften.

In der Literatur gibt es zahlreiche Mitteilungen, in denen diese Frage betrachtet wird [1 bis 3]. Die Welterzeugung von Chemiefasern weist bereits Faserstofftypen auf Basis von Polymergemischen auf, z. B. PVY (ACRYLAN, VEREL, CLEVYL). Die Rolle der zweiten Komponente in den Fasern besteht darin, gewisse Unzulänglichkeiten der PVY-Fasern (Polyacrylnitrilfasern), wie niedrige Elastizität, geringe Scheuerfestigkeit, unzureichende Anfärbbarkeit u. a. zu beseitigen, ohne ihre positiven Eigenschaften zu beeinträchtigen.

In der vorliegenden Arbeit wird die Möglichkeit des Spinnens von Polymermischungen aus Polyacrylnitril/Polymethylmethacrylat (PVY/PMMA) in Dimethylformamid (DMF) untersucht, und die Eigenschaften der erhaltenen Fäden werden mit denen von Fäden aus reinem PVY sowie einem Acrylnitril/Methylmethacrylat-Copolymeren (AN/MMA) mit 9% MMA verglichen. Im Zusammenhang mit der gestellten Aufgabe wurden die rheologischen Eigenschaften untersucht, was jedoch Gegenstand einer anderen Arbeit ist, und die optimalen Bedingungen zur Herstellung von Spinnlösungen aus dem Polymergemisch PVY/PMMA ermittelt, die die Herstellung von Fasern mit guten physikalisch-mechanischen Eigenschaften gewährleisten.

Es wurde der Einfluß des MPMA-Zusatzes und des Reckgrades auf die physikalisch-mechanischen Eigenschaften der ersponnenen Fäden untersucht.

2. Methodik

Die 19%igen Spinnlösungen des PVY und zweier Polymermischungen in DMF wurden nach zuvor bestimmten optimalen Bedingungen zubereitet. Sie wurden auf einer Laborspinnvorrichtung nach festgelegten Parametern zu Fäden verformt.

Infolge Änderung der Koagulationszahl im Vergleich zu PVY hatte das Fällbad folgende Zusammensetzung: $DMF:H_2O = 50:50$

1. Wanne pH = 2,9
   T = 283°K (10°C)
   Abzugsgeschwindigkeit = 1 m/min.

Verwendet wurde eine Düse mit 100 Öffnungen von 0,08 mm Durchmesser.
Es wurde mit negativem Verzug gesponnen.
Das Recken der frisch ersponnenen Fäden erfolgte in zwei Stufen:

1. Stufe: $DMF:H_2O = 30:70$,
   T = 363°K (90°C),
   Abzugsgeschwindigkeit = 3,2 m/min.

2. Stufe: $DMF:HO_2 = 10:90$,
   T = 373°K (100°C),
   Abzugsgeschwindigkeit = 5,9 m/min.

Zur Anwendung gelangten folgende Polymere: PVY ($M_\eta = 54000$) und PMMA ($M_\eta = 82000$ bzw. 150000); AN/MMA Copolymeres (9% MMA und $M_\eta = 54000$).

Die physikalisch-mechanischen Fadenprüfungen wurden nach der bulgarischen staatlichen Norm BDS 8258-70, P.4 durchgeführt.

Tabelle 1. Versuchsplan und Meßwerte für die Zielgrößen Y für Mischungen aus PVY + PMMA (M_η = 82000)

Nr.	PMMA %	Reckfaktor	Reißfestigkeit (CN)	Dehnung %	Scheuerfestigkeit Anzahl der Zyklen	Relative Schlingenfestigkeit %
	X_1	X_2	Y_1	Y_2	Y_3	Y_4
1	17	7,8	678,8	7,6	730	63,65
2	17	6,5	749,5	7,2	947	71,99
3	3	7,8	767,6	7,3	731	66,76
4	3	6,5	895,6	7,8	1070	60,08
5	20	6,9	710,7	8,0	771	63,83
6	0	6,9	855,4	8,0	1486	58,54
7	10	8,3	624,4	6,7	2663	66,60
8	10	6,0	810,3	8,6	863	67,07
9	10	6,9	823,5	8,0	863	73,85
10	10	6,9	809,3	7,8	825	68,42
11	10	6,9	795,1	7,1	936	73,77
12	10	6,9	818,6	7,6	1047	65,07

3. *Versuchsergebnisse und Diskussion*

Zwecks voller Erfassung der möglichen Varianten und Klärung der Rolle des PMMA-Gehaltes und des Reckgrades für die physikalisch-mechanischen Eigenschaften der Fäden wurde ein drehbarer, zentral zusammengesetzter Versuchsplan [4, 5] für zwei Faktoren: X_1 = PMMA (Masse%), X_2 = Reckgrad angewandt, wobei folgende Intervalle gewählt wurden:

$$X_1 = 0 \text{ bis } 20\% \text{ PMMA und } X_2 = 6{,}0 \text{ bis } 8{,}4.$$

Untersucht wurde das größere Intervall für X_1 mit Rücksicht auf das Spezifikum des Erspinnens und des Orientierungsreckens von koagulierenden Fäden, verglichen mit der Untersuchung der Eigenschaften von Film aus Polymergemischen.

Die Matrix für die Versuchsplanung und die Ergebnisse der physikalisch-mechanischen Untersuchungen für das Polymergemisch PVY/PMMA (82000) sind in der Tabelle 1 wiedergegeben.

Die Veränderung der physikalisch-mechanischen Eigenschaften (Y) wird adäquat durch ein mathematisches Modell zweiter Ordnung in der allgemeinen Art:

$$Y = b_0 + b_1X_1 + b_2X_2 + b_{11}X_1^2 + b_{22}X_2^2 + b_{12}X_1X_2 \quad (1)$$

beschrieben.

Die unter Zugrundelegen dieses Ansatzes für die einzelnen Werte von Yi berechneten Koeffizienten sind in der Tabelle 2 aufgeführt.

Nach den erhaltenen Gleichungen wurde für die untersuchten Intervalle von X_1 und X_2 eine Auswertung zwecks Ermittlung des quasioptimalen Bereichs der physikalisch-mechanischen Faserkennwerte durchgeführt. Es wurden rechteckige Diagramme aufgestellt, die in graphischer Form die Abhängigkeit $Y = f(X_1, X_2)$ darstellen.

Für Fäden aus der Polymermischung PVY/PMMA (M_η = 82000) bewirkt der größere PMMA-Gehalt, unabhängig vom Reckgrad, eine stetige Verminderung der Reißfestigkeit und entsprechend eine schwächere Verminderung der Dehnung (E in %) im Vergleich zu Fäden aus reinem PVY (Bild 1a). Die Reißdehnung hängt vorzugsweise vom Reckgrad ab. Bei Anwendung eines Reckfaktors $X_2 = 6{,}8$ ist E von X_1 unabhängig.

Mit Anwachsen von X_2 vermindert sich die Reißfestigkeit (CN), wobei sie ein Maximum durchläuft. Bei einem größeren PMMA (X_1)-Gehalt verschiebt sich das Maximum gegen den Bereich höherer Reckgrade (Bild 1a): z. B. es besteht ein Maximum der Reißfestigkeit bei $X_1 = 3\%$ und $X_2 = 6{,}4$, während für $X_1 = 9\%$ dieses Maximum bei $X_2 = 6{,}8$ bis 7,2 erscheint. Die optimalen Reckfaktoren bezüglich CN und E liegen im Intervall 6,8 bis 7,2.

Ein anderer sehr wichtiger Gebrauchskennwert ist die Scheuerfestigkeit der PVY-Fasern. Der größere PMMA (M = 82000)-Gehalt (X_1) verursacht bei niedrigen Reckfaktoren (X_2) ein Absinken dieses Kennwertes. Für $X_2 = 7{,}6$ weist die Scheuerfestigkeit größere Werte aus und ist fast unabhängig vom PMMA (X_1)-Gehalt in den Fasern. Bei $X_2 = 8{,}4$ ist sie im Vergleich mit $X_2 = 6{,}0$ doppelt so hoch.

Über die elastischen Eigenschaften der Fäden kann man anhand der relativen Schlingen- oder Knotenfestigkeit urteilen. Die Kurven auf Bild 1b veranschaulichen die umgekehrt proportionelle Abhängigkeit zwischen X_1 und X_2 hinsichtlich der relativen Schlingenfestigkeit. Beste Elastizität weisen Fasern mit hohen Werten für X_1 und kleinen Werten für X_2 auf und umgekehrt. Die gleichzeitige Erhöhung oder Verminderung derselben beeinflußt die Herabsetzung der relativen Schlingenfestigkeit. Letztere hat optimale

Tabelle 2. Koeffizienten der ermittelten Regressionsgleichungen

Nr.	Koeffizienten	PVY/PMMA (M_η = 82000) Reißfestigkeit CN	PVY/PMMA (M_η = 82000) Dehnung %	PVY/PMMA (M_η = 82000) Scheuerfestigkeit Zyklen	PVY/PMMA (M_η = 82000) Relative Schlingenfestigkeit %	PVY/PMMA (M_η = 150000) Reißfestigkeit CN	PVY/PMMA (M_η = 150000) Dehnung %	PVY/PMMA (M_η = 150000) Scheuerfestigkeit Zyklen	PVY/PMMA (M_η = 150000) Relative Schlingenfestigkeit %
		Y_1	Y_2	Y_3	Y_4	Y_1	Y_2	Y_3	Y_4
1	b_0	−1094	48,57	−116,9	116,9	1165	−7,36	9523	147,4
2	b_1	−21,36	−0,36	−135,2	−7,36	−46,36	0,89	−319,7	−3,66
3	b_2	642,7	−2,07	−7596	−42,02	−20,11	5,79	−1942	−15,56
4	b_{11}	−0,235	0,002	−0,454	−0,08	0,261	0,004	2,21	0,032
5	b_{22}	−51,84	0,077	542,7	−2,42	−3,37	−0,505	108,9	0,553
6	b_{12}	2,60	0,043	15,08	−0,75	4,50	0,112	34,06	0,458
7	Q	0,911	0,892	−0,892	−0,892	0,947	0,890	0,966	0,898
8	F	71,14	1,51	3,83	3,83	10,61	1,34	16,85	1,17

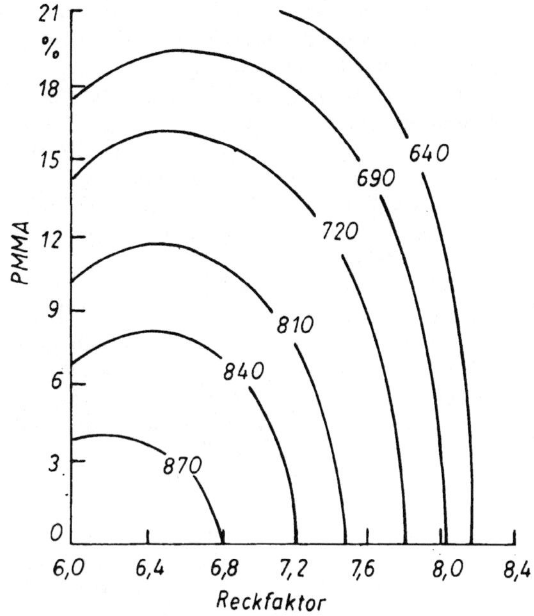

Bild 1a. Linien konstanter Reißfestigkeit (CN) von Fäden aus dem Polymergemisch PVY/PMMA ($M_\eta = 82000$)

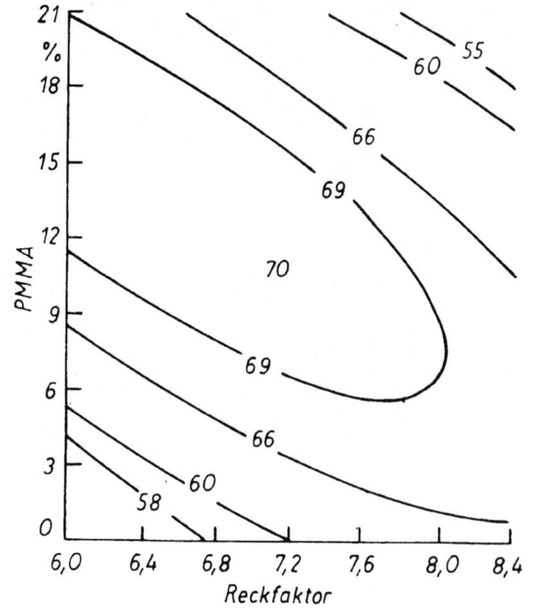

Bild 1b. Linien konstanter relativer Schlingenfestigkeit von Fäden aus dem Polymergemisch PVY/PMMA ($M_\eta = 82000$)

Werte im Intervall $X_1 = 9$ bis 12% (Masse%), PMMA ($M = 82000$) und $X_2 = 6{,}4$–$7{,}8$.

Für Fäden aus dem Polymergemisch PVY/PMMA ($M = 150000$) ändert die größere rel. Molekülmasse des Zusatzpolymeren den Charakter der Abhängigkeit $Y = f(X_1X_2)$ (Bilder 2a und b).

Mit Anwachsen des PMMA(X_1)-Gehaltes nimmt die Reißfestigkeit ab, wobei sie kein Maximum durchläuft, zum Unterschied von PMMA ($M_\eta = 82000$). Bis $X_1 = 12\%$ und $X_2 = 6{,}8$ überwiegt der Einfluß von X_1. Oberhalb dieses Bereiches spielt der Reckfaktor X_2 eine aktive Rolle. Fäden mit verhältnismäßig hohen Reißfestigkeiten, jedoch niedrigeren als die für PVY, werden im Bereich $X_1 = 3$ bis 6% und $X_2 = 6{,}0$ bis $6{,}8$ erhalten, der im Vergleich mit dem entsprechenden Bereich für Fäden aus PVY/PMMA ($M = 82000$) (Bild 1a) gegen niedrigere Werte für X_1 und X_2 verschoben ist.

Fasern aus PVY/PMMA ($M_\eta = 150000$)-Mischungen haben minimale Dehnung in Bereichen, wo nur der eine Faktor — X_1 oder X_2 — überwiegenden Einfluß hat. Charakteristisch ist die Abgrenzung von zwei Optimal-

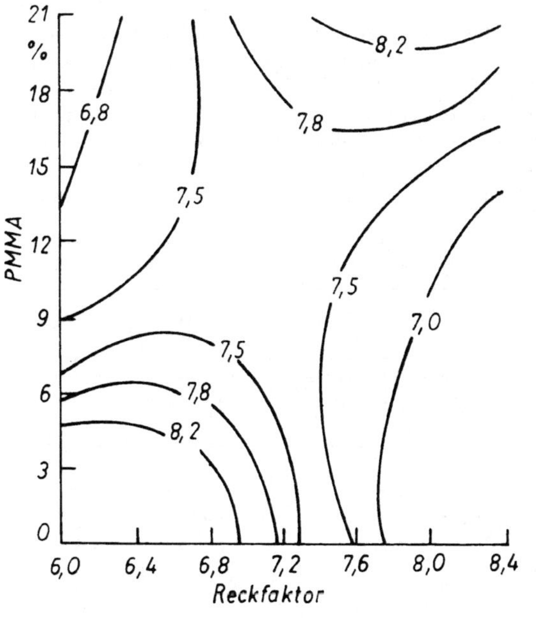

Bild 2a. Linien konstanter Dehnung von Fäden aus dem Polymergemisch PVY/PMMA ($M_\eta = 150000$)

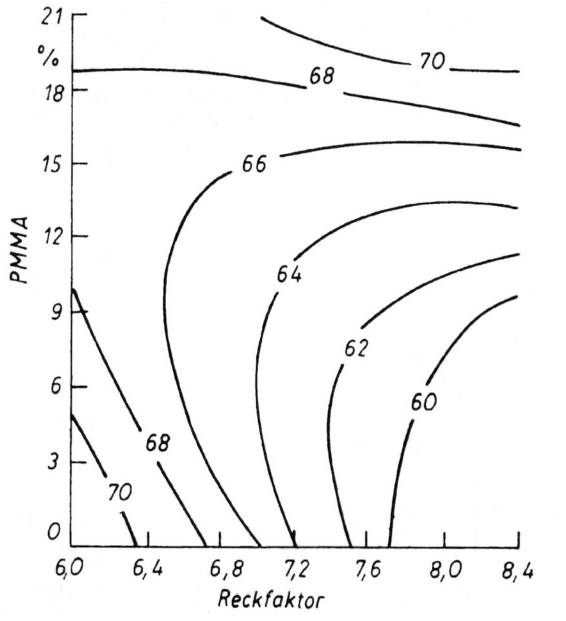

Bild 2b. Linien konstanter relativer Schlingenfestigkeit von Fäden aus dem Polymergemisch PVY/PMMA ($M_\eta = 150000$)

bereichen der Dehnung: der eine für $X_1 = 3$ bis 6% und $X_2 = 6{,}0$ bis 6,8, und der zweite für $X_1 = 15$ bis 21% und $X_2 = 7{,}2$ bis 8,4. Wahrscheinlich liegt in diesen zwei Bereichen eine Kombination der positiven Effekte aus der Veränderung von X_1 und X_2 (Bild 2a) vor.

Mit Erhöhung des PMMA ($M_\eta = 150000$)-Gehalts sinkt die Scheuerfestigkeit. Großen X_2-Werten entsprechen hohe Scheuerfestigkeiten. Auch hier hat X_1 (PMMA%) fast keinen Einfluß auf eine Erhöhung des Reckgrades (X_2). Im allgemeinen sind die Maximalwerte der Scheuerfestigkeit kleiner als die für PMMA ($M_\eta = 82000$). Für diese Kennziffer sind gleichfalls zwei Optimalbereiche charakteristisch und zwar: $X_1 = 3$ bis 6% und $X_2 = 6{,}0$ bis 6,8 und $X_1 = 15$ bis 21% und $X_2 = 7{,}2$ bis 8,4.

PMMA hat plastifizierende Wirkung und bewirkt eine Verbesserung der elastischen Fasereigenschaften. Für PMMA ($M_\eta = 150000$) jedoch macht sich dieser Effekt nur bei kleinen PMMA-Mengen geltend: $X_1 = 3$ bis 6% in den Fasern (Bild 2b) im Vergleich mit PMMA ($M_\eta = 82000$). Bei höheren Zusätzen schwindet der Effekt, und die relative Schlingenfestigkeit nimmt kontinuierlich ab. Es ist interessant, daß die kombinierte Wirkung großer Werte für X_1 und X_2 auch hier zur Abgrenzung eines neuen Bereichs mit verbesserten elastischen Eigenschaften führt; dies zeigen sowohl die Koordinaten für E als auch die für die Scheuerfestigkeit.

Die Besonderheiten, die in der Änderung der physikalisch-mechanischen Eigenschaften von Fasern aus dem Polymergemisch PVY/PMMA auftreten, sind auf die unterschiedliche Einwirkung von X_1 und X_2 (d. h. PMMA-Gehalt und Orientierungsreckung) und auf die unterschiedliche rel. Molekülmasse von PMMA auf die Faserstruktur zurückzuführen.

Nach dem Modell von *Hearle* [6] für Fransenfibrillen sind die Fasern aus langen, unvollkommen kristallinen Gebilden — Makrofibrillen — und einem ungeordneten amorphen Teil aus verflochtenen Makromolekülen, die von einer Fibrille in die andere gehen, aufgebaut. Die Makrofibrillen ihrerseits bestehen aus zur Fadenachse unterschiedlich orientierten Mikrofibrillen.

Für niedrige Reckgrade (X_2) hat der PMMA-Gehalt über einen bestimmten Wert hinaus einen Einfluß in bezug auf die strukturelle Homogenität der Fasern. Die Gleichgewichtsstruktur der Fasern, die durch die strukturelle Verträglichkeit der Komponenten bedingt ist, wird makroheterogen. Aufgrund dessen verschlechtern sich die physikalisch-mechanischen Eigenschaften der Fasern außerhalb des Bereiches der strukturellen Verträglichkeit [8] stetig. In diesem Bereich haben die PMMA-Makromoleküle eine plastifizierende Wirkung, die offenbar durch die Herabsetzung der zwischenmolekularen Wechselwirkung und durch den sterischen Faktor bedingt ist. Bei PMMA ($M_\eta = 150000$) ist die Homogenität der Struktur stärker ausgeprägt und tritt nach einem 6%igen PMMA-Gehalt in der Polymermischung in Erscheinung; wegen der größeren rel. Molekülmasse ist eine stark ausgeprägte intramolekulare Wechselwirkung vorhanden, bei der der charakteristische Einfluß der Methacrylatgruppe abgeschwächt wird.

Beim Recken (Orientieren) der Fäden kann die sich in ihrer Struktur vollziehende Deformation [7] als 1. eine Längenzunahme der Mikrofibrillen bei konstantem Volumen der Fäden auf Kosten der Volumenabnahme des amorphen Anteils oder 2. eine Fadendehnung auf Kosten einer Volumenabnahme der vorhandenen Hohlräume und gleichfalls der Faltungen im amorphen Anteil der Fäden dargestellt werden, wobei die Fibrillenlänge konstant bleibt und nur das Fadenvolumen Änderungen erfährt. Demnach erfolgt beim Recken eine Verdichtung und Orientierung der Makro- und Mikrofibrillen in Richtung der Fadenachse. Dieser Prozeß ist eine der Hauptbedingungen für die Herstellung hochwertiger Fasern. Die Orientierungsreckung spielt eine positive Rolle hinsichtlich der Faserkennwerte nur im Bereich der strukturellen Polymerverträglichkeit. Für PMMA ($M_\eta = 82000$) ist der optimale Wert von $X_2 = 6{,}8$ bis 7,2 und für PMMA ($M_\eta = 150000$) — $X_2 = 6{,}0$ bis 6,8 und $X_2 = 7{,}6$ bis 8,4. Diese Ergebnisse bestätigen die in vielen publizierten Arbeiten mitgeteilten Erkenntnisse über den Einfluß des Reckgrades auf die Eigenschaften von PVY-Fasern [9, 10]. In den zitierten Publikationen werden als optimale Reckfaktoren Werte im Intervall 4 bis 7 angegeben.

Oberhalb des optimalen Reckgrades treten in den Strukturgebilden der PVY-Fasern Brucherscheinungen auf. Es entstehen Mikrodefekte, die nach der Theorie von *Griffith* die Ursache für die Verschlechterung einiger physikalisch-mechanischer Eigenschaften der Fasern sind (Reißfestigkeit, Dehnung, Elastizität). Jedoch lassen der relativ vergrößerte Anteil der Makromoleküle in den weniger geordneten Bereichen und wahrscheinlich auch der mechanische Abbau in den Mikrobereichen bei Reibungsbeanspruchung die Tendenz für eine zusätzliche Anordnung in Richtung der angewandten Spannung erkennen. Nach [11] wird die Scheuerfestigkeit auch durch die Geschwindigkeitsbestimmung des Moleküladhäsionskontakts ermittelt. In dieser Hinsicht haben auch die PMMA-Makromoleküle einen Einfluß. Dabei wird der Einfluß der Mikrodefekte in der Faserstruktur vermindert, was für die anderen physikalisch-mechanischen Fasereigenschaften entscheidend ist. Als Folge davon wird die Scheuerfestigkeit der Fasern verbessert.

Aus der Analyse der Ergebnisse geht klar hervor, daß der alleinige Einfluß nur des einen der untersuchten Faktoren X_1 und X_2 schwer zu erschließen ist. Ihr spezifischer Einfluß auf die physikalisch-mechanischen Eigenschaften der Fäden ist in der Äußerung mancher Besonderheiten zu suchen, z. B. die Abgrenzung eines neuen Bereiches mit optimalen Kennwerten für PMMA ($M_\eta = 150000$). Wahrscheinlich tritt in diesem Bereich von neuem eine Besserung der strukturellen Verträglichkeit auf und zwar wegen einer Orientierungsmöglichkeit sämtlicher Makromoleküle, was auch durch die elektronenmikroskopischen Aufnahmen der Faseroberfläche (Bilder 4a und 4b) bestätigt wurde.

Die optimalen Bereiche der physikalisch-mechanischen Eigenschaften der PVY/PMMA-Fäden ($M_\eta =$ $= 82000$ und $M_\eta = 150000$) wurden nach der Methode der Überlagerung ihrer Konturlinien (Bild 3) ermittelt.

Für PVY/PMMA-Fäden ($M_\eta = 82000$) ist der Optimalbereich bei $X_1 = 9$ bis 12% und $X_2 = 6{,}8$ bis 7,2%; für PVY/PMMA-Fäden ($M_\eta = 150000$) $X_1 = 3$ bis 6%,

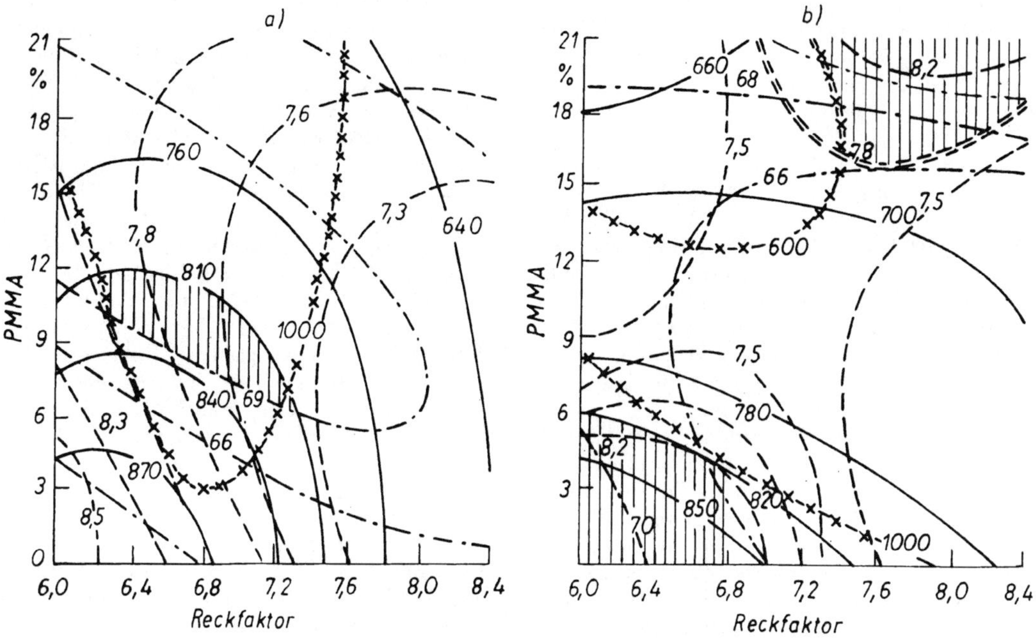

Bild 3. Diagramme zur Ermittlung der optimalen Bereiche der physikalisch-mechanischen Eigenschaften von Fäden aus dem Polymergemisch PVY/PMMA ($M_\eta = 82000$ und $M_\eta = 150000$)

$X_2 = 6{,}0$ bis $6{,}8$; $X_1 \geqq 15$ bis 21% und $X_2 \geqq 7{,}6$ bis $8{,}4$.

Im Optimalbereich haben die Fäden aus dem Polymergemisch PVY/PMMA ($M_\eta = 82000$) überwiegend bessere Kennwerte hinsichtlich einiger physikalisch-mechanischer Eigenschaften als die aus PVY oder dem Acrylnitril/Methylmethacrylat-Copolymeren mit 9% MMA erzeugten Fäden. Es ist interessant, daß der so ermittelte Optimalbereich mit dem auf Grund der rheologischen Untersuchungen dieses Polymergemisches vorbestimmten Bereich übereinstimmt. In der Tabelle 3 sind vergleichende Daten der physikalisch-mechanischen Eigenschaften angeführt. Die für AN/MMA-Fäden erhaltenen niedrigeren Werte sind verständlich, wenn man bedenkt, daß die sich beim Vorhandensein eines zwischenmolekularen Plastifikators bildende Struktur viel elastischer ist im Vergleich zu derjenigen der AN/MMA-Fäden, in denen die Methacrylatgruppen als Substituenten statistisch verteilt sind.

Schlußfolgerungen

1. Es wurden Fäden aus PAN/PMMA-Mischungen ersponnen. Bei einem PMMA-Gehalt von 10% ($M_\eta = 82000$) haben diese Fäden eine unveränderte Festigkeit, verbesserte Elastizität und Scheuerfestigkeit im Vergleich mit Fäden aus reinem PVY ($M = 54000$) und dem Copolymeren AN/MMA ($M_\eta = 54000$ bis 9% MMA).
2. Die quasi-optimalen Bereiche der physikalisch-mechanischen Eigenschaften von Fäden aus PAN/PMMA-Mischungen ($M = 82000$ und 150000) wurden bestimmt. Dadurch wurde die Einsatzmöglichkeit von PMMA mit bestimmter rel. Molekülmasse in Abhängigkeit von den technologischen Bedingungen des Orientierungsreckens erschlossen.
3. Es wurde festgestellt, daß die Bereiche der optimalen physikalisch-mechanischen Eigenschaften mit denjenigen der strukturellen Verträglichkeit der betreffenden Polymergemische übereinstimmen.

Tabelle 3. Vergleich zwischen Werten der physikalisch-mechanischen Eigenschaften

Nr.	Faserart	Reißfestigkeit p/den	Dehnung E %	Scheuerfestigkeit Anzahl der Zyklen	Relative Schlingenfestigkeit %
1	PVY ($M_\eta = 54000$)	3,33	8,0	1000	52
2	PVY/PMMA mit 10% PMMA ($M_\eta = 82000$)	3,37	8,0	1162	70
3	PVY/PMMA mit 6% PMMA ($M_\eta = 150000$)	4,03	8,2	1026	67
4	ANMMA mit 9% MMA ($M_\eta = 54000$)	2,12	5,6	682	38

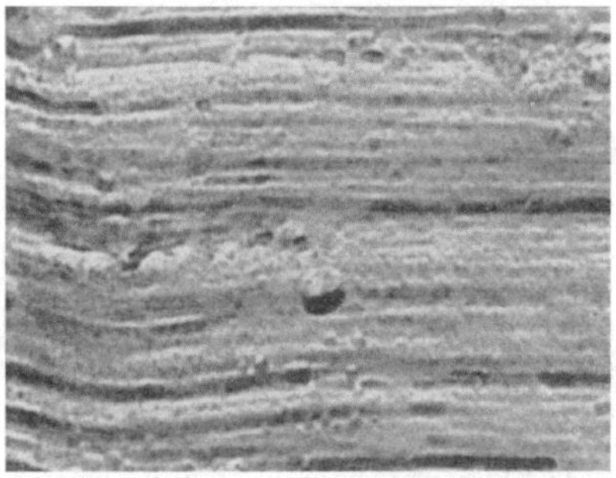

Bild 4a. 3% PMMA und Reckfaktor 6,5

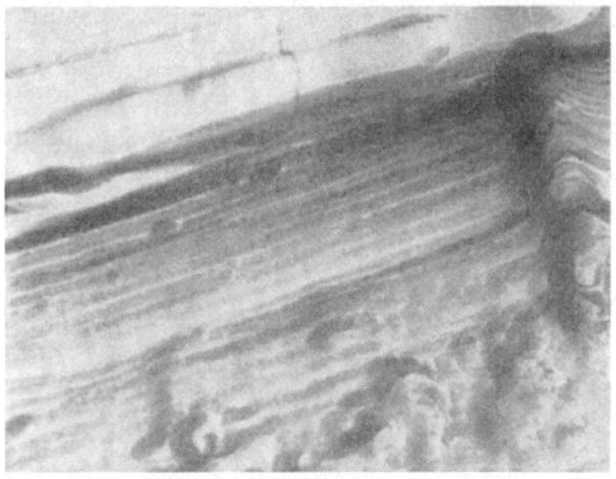

Bild 4b. 10% PMMA und Reckfaktor 8,3 (Vergrößerung 20000fach)

Bild 4. Elektronenmikroskopische Aufnahmen der Oberfläche von Fäden aus dem Polymergemisch PVY/PMMA ($M_\eta = 150000$)

Literatur

[1] *Berger, Werner,* und *Mellentin, Jost:* Modifizierung von Synthesefaserstoffen durch Polymermischungen. Faserforsch. u. Textiltechnik **21** (1970) 7, S. 288–294.

[2] *Cates, David M.,* und *White jr., Howard, J.:* Preparation and properties of fibers containing mixed polymers. II. Polyacrylonitril-cellulose fibers. J. Polymer Sci. **20** (1956) 94, S. 181–195.

[3] *Krasovskaja, S. B., Zazulina, Z. A.,* und *Konkin, A. A.:* Herstellung von Faserstoffen aus Polyacrylnitril/Polymethylacrylat-Gemischen. Chim. Volokna (Chem. Fasern) (1970) 2, S. 19–22.

[4] *Kafarov, W. N.:* Method kibernetiki w chim. techn. Moskva: Chimia 1971.

[5] *Sedgenidse*†: Mathematitsch. planirow. experimentov, Tbilisi 1971.

[6] *Hearle, J. W. S.:* A fringed fibril theory of structure in crystalline polymers. J. Polymer Sci. **28** (1958) 117, S. 432–435.

[7] *Hearle, J. W. S.:* The fine structure of fibers and crystalline polymers. III. Interpretation of the mechanical properties of fibers. J. appl. Polymer Sci. **7** (1963) 4, S. 1207–1223.

[8] *Michajlov, N. V.:* Über die strukturelle Verträglichkeit von Polymeren. Vysokomol. Soed. (Hochmol. Verbind.) Serie A **13** (1971) 2, S. 395–409.

[9] *v. Hornuff, G.,* und *Lenzer, M.:* Zur Kenntnis der Feinstrukturveränderungen von Polyacrylnitrilfaserstoffen im Rahmen textiler Veredlungsprozesse. Faserforsch. u. Textiltechnik **20** (1969) 1, S. 1–10.

[10] *Dobrecov, S. L., Lomonosova, N. V., Stel'mach, V. P.,* und *Frenkel', S. Ja.:* Orientierungsverhalten von hochmolekularem Polyacrylnitril. Vysokomol. Soed. (Hochmol. Verbind.) Serie A **14** (1972) 5, S. 1143–1148.

[11] *Bartenev, G. M.,* und *Lavrentev, V. V.:* Scheuern und Abnutzung der Polymeren. Leningrad: Chimija 1972.

Eingegangen am 19. November 1973

Über Probleme bei der Herstellung von Hochpolymeren für das Schmelzspinnen von Fäden hoher Qualität aus Polyamid und Polyester[1])

Axel Koine und Konrad Praeger

VEB Chemiefaserwerk Wilhelm-Pieck-Stadt Guben

DK 677.494.675:677.494.674'524'420:677.021.125.277:677.021.123.1:677–485:541.24:677.011

Einheitliche rel. Molekülmasse und möglichst geringe thermische und thermooxydative Schädigung des Polymeren sind die Voraussetzungen zur Herstellung qualitativ hochwertiger Synthesefäden. Verfahrenstechnisch wendet man sich zunehmend kontinuierlich arbeitenden Produktionsverfahren zu, da sie neben erheblichen ökonomischen Vorteilen auch die Qualität des Polymeren günstig beeinflussen.

К проблемам, возникающим при синтезе полимеров для формования высококачественных полиамидных и полиэфирных волокон из расплава

Необходимым условием для производства синтетических волокон высокого качества являются минимальная молекулярная полидисперсность и возможно минимальная термическая и термоокислительная деструкция. В настоящее время все шире применяются непрерывные методы производства, которые, помимо значительных экономических преимуществ, оказывают положительное влияние на качество полимера.

Problems in the Preparation of Polymers for Melts Spinning High Quality Polyamide and Polyester Fibers

Uniform molecular weight and as low thermal and thermooxidative degradation as possible of the polymer are necessary conditions of the preparation of high quality synthetic fibers. Continuous processes are increasingly introduced because they provide, besides economical advantages, higher quality of the polymers.

Synthesefasern nehmen unter den organischen Hochpolymeren einen wichtigen Platz ein. Hohe Steigerungsraten sind derzeit überall in der Welt für die Synthesefaserproduktion charakteristisch.

An den Chemiefaserproduzenten tragen diese Steigerungsraten nicht nur ständige Forderungen nach extensiver Erweiterung heran, sondern er muß auch über die Vergrößerung der Produktionseinheiten und weitgehende Automatisierung die Produktivität im eigenen Hause steigern. Darüber hinaus fordert der Verarbeiter ständig steigende Qualitätsgarantien für die Faserstoffe, um ähnliche Steigerungen der Arbeitsproduktivität letztlich zum Nutzen des Verbrauchers auch erreichen zu können. Dieser Trend wird in Tabelle 1 belegt, die als Beispiel die Mindestforderungen an PA-S ft Sorte 1, entsprechend jeweils gültiger TGL seit 1965, aufführt.

1. *Anforderung an spinnbare Hochpolymere*

Ein konventioneller Prozeß zur Herstellung von Polykondensatfaserstoff in idealisierter Grundvariante besteht aus folgenden *Prozeßstufen*:

Erzeugung von Polymergranulat,
Schmelzspinnen,
Aufwinden, Befeuchten und Präparieren,
Reckzwirnen bzw. Reckspulen.

[1]) Kurzvortrag, vorgetragen von *K. Praeger* anläßlich der Hochpolymerentagung 1973 vom 10. 9. bis 12. 9. 1973 in Karl-Marx-Stadt.

Tabelle 1. Mindestforderungen an PA-S ft S 1 *gemäß jeweils gültiger TGL*

Qualitätsparameter	1965	1970	1974	Perspektive
Kopsmasse mind. in g	350	600	1000	1500
Flusen/100 km max.	1,5	0,5	0,4	0,2
Knoten/100 km max.	6	4	1···2	0
Fadenbr./100 kg beim Wirken pro Einzelkette	120	70	40···45	30

Die Güte eines Verfahrens zur Produktion von Polykondensatfaserstoffen ist im wesentlichen durch drei Forderungen charakterisiert, über die wir schon früher berichtet haben [1]:

Zufällige Unterbrechungen des endlos ablaufenden Prozesses müssen gegen Null gehen.

Erzeugung eines Standardproduktes mit guter Verarbeitbarkeit in der Textilindustrie.

Sicherung eines hohen Gebrauchswertes und Repräsentationsgüte des Finalerzeugnisses.

Die Verarbeitungseigenschaften einer Synthetikseide werden beim Spinnprozeß entscheidend vorbereitet. Eine Synthetikspinnseide soll nachfolgenden *Eigenschaften* genügen:

1. Fehlen von lokalen Defektstellen in Form von Festkörper- und Gaseinschlüssen, Gelteilchen, zufällig gehäuften Kurzketten oder Restkristallstrukturen,
2. Querschnittskonstanz entlang des gesponnenen Fadens,
3. Einhalten eines definierten Vororientierungsgrades,
4. Hohe Gleichmäßigkeit optischer Eigenschaften, z. B. Weißgrad und Glanzzahl,
5. Gleichmäßige Verteilung farbaffiner Endgruppen im Polykondensat.

Hat man eine störungsfreie und erprobte Spinntechnologie, so wird die Erfüllung obiger Spinnseidencharakteristik entscheidend durch die Qualität des eingesetzten Polymeren beeinflußt.

Für ein Polykondensat, aus dem Fäden produziert werden sollen, muß eine Reihe von *Qualitätsanforderungen* erfüllt sein:

1. Gleichmäßige Schmelzviskosität,
2. Definierter Gehalt an farbaffinen Endgruppen,
3. Definierte Farbzahl,
4. Definierter Wassergehalt,
5. Definierter Gehalt an Monomeren und Oligomeren,

6. Gute thermische und photochemische Beständigkeit,
7. Freiheit von Fehlstellen, primär verursacht durch
   a) thermische Schädigung,
   b) thermooxydativer Schädigung,
8. Freiheit von Fehlstellen, verursacht durch Fremdkörper wie
   a) Schmutz,
   b) Farbstoffe,
   c) Modifikatoren,
   d) Katalysatoren,
   e) Stabilisatoren u. ähnl.

Zur Sicherung dieser Anforderungen sind technologische, technische und organisatorische Vorkehrungen beim Hersteller des Polymeren zu treffen. Sie stellen in ihrer Gesamtheit das know how des Chemiefaserproduzenten dar.

2. *Thermischer und thermooxydativer Abbau von Polyamid und Polyester*

Das Prinzip des thermischen Abbaus ist in der Literatur behandelt [2]. Ein thermischer Abbau dieser Polymeren ist mit Decarboxylierungen, Dehydrierungen, Abspaltung von Wasser oder niedermolekularen C-Verbindungen sowie mit Vernetzungen der Makromoleküle an den Spaltstellen verbunden [3 bis 6].

Literaturkenntnisse liegen auch zum thermooxydativen Abbau von PA 6 und PÄT vor. Ein thermooxydativer Abbau der Hochpolymeren wird durch die Reaktion mit Sauerstoff eingeleitet. Die Weiterreaktion erfolgt über Hydroperoxide und Makromolekülradikale. Das resultierende Hydroperoxid wirkt nach *Hagemann* als freier Radikalinitiator und kann einen umfangreichen oxydativen Abbau des Hochpolymeren einleiten [7 bis 12].

Als Spaltprodukte wurden bei der Thermooxydation von Polyamiden Wasser, niedermolekulare C-Verbindungen und Aminoalkane analysiert. Sekundärreaktionen der Spaltprodukte mit dem Polymeren führen zu Vernetzungen. Bildung von Pyrrolringen und ungesättigten Verbindungen mit Farbstoffcharakter.

Der oxydationsbegünstigende Einfluß von Eisen(III)-Verbindungen wurde nachgewiesen.

Bei der Oxydation von PÄT-Schmelzen mit Sauerstoff bei 280 bis 325 °C tritt Verfärbung, Zunahme des Carboxylgruppengehaltes und eine Abnahme der rel. Molekülmasse ein.

3. *Praktische Umsetzung der Anforderungen an die Hochpolymerensynthese*

Thermooxydative Schädigung verhindert man durch sorgfältigen Luftabschluß von Monomeren und Polymeren sowie ihrer Zwischenprodukte oberhalb einer bekannten Schädigungstemperatur. Dies geschieht z. B. durch Inertbegasung, extrem niedrige Leckraten der verwendeten Apparate und Verwendung sorgfältig entgaster Waschflüssigkeiten.

Die Verfahrenstechnik muß bei ihren Neuentwicklungen vor allem die Forderung nach konstanter Viskosität bei hoher Thermostabilität der Schmelze berücksichtigen. Der Trend nach immer größeren Apparateeinheiten fordert hierfür die Lösung folgender Voraussetzungen:

Störungsfreier Lauf der Apparate über lange Zeiten, da Reinigungen kompliziert und teuer sind.
Wärmeübergang und Strömungsverhältnisse müssen in jeder Verfahrensstufe dem Prozeß optimal angepaßt sein.

In den letzten zehn Jahren bietet der Chemieanlagenbau dazu völlig neue Lösungen nach folgenden Grundprinzipien an: Übergang zu kontinuierlichen Herstellungsverfahren mit immer größeren Produktionseinheiten für PA 6 und PÄT. Der klassische, diskontinuierlich betriebene Rührkessel wird durch Röhrenreaktoren, Zellenreaktoren oder Rührkesselkaskaden ersetzt. Man sorgt dafür, daß keine Totraumeffekte oder Bachbildungen auftreten.

Mischsysteme für die fertige Schmelze oder für das granulierte Polymere dienen der Vergleichmäßigung der rel. Molekülmasse des Produktes, um eine definierte Austragsviskosität aus dem Spinnaggregat statistisch zu sichern.

Den Fragen der Beheizung und des Wärmeüberganges wird große Beachtung geschenkt. Überhitzungen und kalte Stellen an Gefäßwandungen und Rohrleitungen begünstigen direkt oder indirekt über Totraumbildung die thermische Schädigung. Bei ungenügender Auslegung einer Kontinueanlage unter diesem Aspekt verkehrt sich schnell der Vorteil des Kontinueverfahrens gegenüber der Diskontinuetechnik in das Gegenteil. Bei Diskontinueverfahren werden die unvermeidlichen Wandschichten nach jedem Austrag bei jeder Neuchargierung mit niedrigviskosem Material abgelöst. Hieraus resultiert bei festem Dosierrhythmus ein definierter Schädigungspegel.

Vorbeugende Reinigung der Diskontinueanlagen in festgelegten Zyklen ist im Interesse einer stabilen Qualität des Produktes zusätzlich sehr empfehlenswert.

Der Schädigungspegel einer guten Kontinueanlage wird geringer sein. Reinigungen machen sich hier nur beim Überschreiten definierter Grenzwerte im Polymeren und im Faden erforderlich. Sie sind seltene Ereignisse und immer Folge von Abweichungen vom Normalbetrieb. Bei Kontinueverfahren können die Einstellparameter sehr stabil gehalten werden, da nicht laufend prozeßbedingt wie beim Diskontinueverfahren über ein Programm zeitabhängige Änderungen vorgenommen werden müssen.

Für die Reaktionsbedingungen ist eine Startabmischung des Monomeren vor der Kondensationsstufe und eine Rührstufenzahl von 6 bis 7 für den Gesamtprozeß für Feinseidenviskositäten von Bedeutung, um den gewünschten schnellen Umsatz und eine Verteilung der rel. Molekülmassen zu garantieren. Eine Begrenzung der Umsatzzeit ist aus ökonomischen Gründen und, um thermische Schädigungen einzuschränken, empfehlenswert.

4. *Beispiele für praktische Lösungsvarianten*

Ein altes, aber noch heute bewährtes Beispiel für einen kontinuierlichen Reaktor ist das VK-Rohr für die PA-6-Herstellung. Es nutzt die relativ hohe thermische Beständigkeit von PA 6 aus. Dem Reaktor sind aber gewisse Grenzen gesetzt. Nachteilig wirkt sich bei der konventionell hydrolytischen Polymerisation von Caprolactam die am Ende nicht korrigierbare

Abhängigkeit der resultierenden Schmelzviskosität des PA 6 von Parametern der Startstufe der Reaktion aus. Solche Einflußgrößen sind die Rührstufenzahl in der Mischzone, die Temperatur, der H_2O-Gehalt und der Anteil an Endgruppenblockungsmitteln. Letztere werden als Kettenlängenregler, aber auch als Verunreinigungen des Caprolactams in das Reaktionssystem eingebracht. Aus diesem Grunde ist auch eine hohe und gleichmäßige Reinheit des Rohstoffs von Wichtigkeit.

Die für die hydrolytische Polymerisation nötige Startwassermenge muß gesichert werden. Man kommt heute durch bessere Beherrschung des Prozesses mit relativ geringen Mengen Wasser aus. Über ein konstantes Niveau, definierten Rücklauf am Kopf und definierte Schmelztemperatur steuert man den Komplex von Rührstufenzahl und effektivem Wassergehalt in der Mischstufe. Um die Temperaturkonstanz über den Rohrquerschnitt zu garantieren, gleichzeitig aber auch Rückvermischung aus tieferen Zonen zu vermeiden, sind Roste und Schikanen eingebaut. Die Aufteilung des Strömungsrohres in mehrere Heizabschnitte ermöglicht ein dem Prozeß angepaßtes Heizen und Kühlen.

Man setzt offene und geschlossene Systeme ein. Dimensioniert man das Verhältnis von Mischstufe zu Pfropfströmungsstufe gegenüber dem Feinseidenrohr kleiner, so hat man den Vorteil höherer formaler Rührstufenzahlen und erreicht damit höhere Polymerisationsgrade, wie sie für hochfeste PA-Typen erforderlich sind.

Ein solches „Cordrohr" ist allerdings empfindlicher gegen alle Störungen, die am Rohreinlauf auftreten. Die bei der Caprolactampolymerisation anwendbare Maximaltemperatur und damit -reaktionsgeschwindigkeit ist durch den Siedepunkt des Caprolactams begrenzt, der vom Druck im Reaktionssystem abhängig ist.

Praktische kontinuierliche Verfahren zur PÄT-Herstellung setzen höheren apparativen Aufwand voraus [13]. Sieht man einmal von den für die Produktqualität keineswegs unwichtigen Umester- bzw. Veresterungsstufen eines solchen Verfahrens ab, so ergibt sich auch hier die Aufgabe, das monomere DÄT in einer Startstufe vorzumischen, anschließend möglichst ohne Rückvermischung zu polykondensieren. Die veränderten Prozeßbedingungen gegenüber der PA 6-Herstellung, größere Reaktionsgeschwindigkeit, geringere thermische Stabilität, Einsatz von Vakuum, erfordern die Auflösung des Strömungsrohres in mehrere Apparateteile. Für die Pfropfströmungsstufen werden im allgemeinen Zellenreaktoren in der Literatur beschrieben [14].

Der Polykondensationsgrad wird stufenweise erhöht in Abhängigkeit von Druck, Produkttemperatur, relativer Schmelzeoberfläche, Verweilzeit und Katalysatormenge, wobei man eine minimale Verweilzeit bei stabilen Betriebsbedingungen anstrebt.

In der Endstufe hat man die Möglichkeit, über eine Steuerung des Vakuums eine konstante Schmelzviskosität unabhängig von evtl. kleinen Störungen aus den Vorstufen auszubringen.

Die am Beispiel PÄT realisierten technischen Lösungen geben auch Anregungen zur Optimierung der Herstellungsverfahren für Polyamid 6 [15, 16].

Umstellung des Polymerisationsprozesses vom Strömungsrohr auf mehrere Verfahrensstufen, Reaktionszeitverkürzungen durch Katalysatoren und Druckregelung des Prozesses sind denkbar und werden zur ökonomischeren Gestaltung des Prozesses beitragen.

5. *Zusammenfassung*

Die Produktionstechnologien für Polycaprolactam und Polyäthylenterephthalat werden dargelegt und miteinander verglichen, wobei Aggregatgrößen und diskontinuierliche sowie kontinuierliche Herstellungsverfahren diskutiert werden.

Als bei beiden Prozessen interessante Probleme werden die Rohstoffeinflüsse, die Gleichmäßigkeit der rel. Molekülmasse und die Entstehung von thermisch oder thermooxydativ geschädigten Teilchen beschrieben.

Bei der Polycaprolactamerzeugung ist nicht nur die Einhaltung der sogenannten TGL-Parameter des Caprolactams und des Stabilisators von Bedeutung. Sorgfältig sind Verunreinigungen während des Herstellungsprozesses auszuschließen. Die hohe Gleichmäßigkeit der Lösungsviskosität in dem für die Fadenerzeugung optimalen Gebiet zeigt sich als Voraussetzung für die hohen Qualitätsansprüche an textile Fäden. Daneben muß die Zahl der Störstellen im Faden gegen Null gehen. Im Polyäthylenterephthalat gehen die Eigenschaften der zwei Rohstoffe Dimethylterephthalat und Äthandiol neben den modifizierenden Einflüssen der Katalysatoren und Stabilisatoren ein. Für die Qualität der aus dem Polymerengranulat ersponnenen Fäden spielt analog wie beim Polyamid eine hohe Einheitlichkeit hinsichtlich der mittleren rel. Molekülmasse und die möglichst niedrige Zahl an Störstellen die entscheidende Rolle hinsichtlich einer guten Verarbeitbarkeit des Fadenmaterials.

Literatur

[1] *Praeger, K., Richter, H.*, und *Dinse, H.-D.*: Physikalisch-chemische und textiltechnologische Prüfmethoden im Herstellungsprozeß von Polykondensatfaserstoffen. Dt. Textiltechnik **21** (1971) 7, S. 424—427.

[2] *Edel, G.*, und *Etienne, H.*: Dégradation thermique du polyamide 6-6. I. Dégradation on présence d'azote à des températures inférieures à 300°C. Bull. Inst. Textile France **23** (1969) 142, S. 343—369.

[3] *Valk, G., Krüssmann, H.*, und *Diehl, P.*: Über den Licht- und Hitzeabbau faseraufbauender Hochpolymerer. I. Mitt. Makromol. Chemie **107** (1967) S. 158—169.

[4] *Reinisch, G.*: Reaktionsmaßanalytik der Polycaprolactambildung. Habilitationsschrift Martin-Luther-Universität Halle—Wittenberg 1970.

[5] *Buxbaum, L.-H.*: Der Abbau von Polyäthylenterephthalat. Angew. Chemie **80** (1968) 6, S. 225—233.

[6] *Philipp, B.*: Entwicklungslinien der Chemiefaserforschung im Rahmen der Polymerwissenschaft. Faserforsch. u. Textiltechnik **11** (1971) 3, S. 11—119.

[7] *Hagemann, H.-J.*, und *de Jonge, C. R. H. I.*: Antioxydantien für Kunststoffe. Kunststoffe **62** (1972) 10, S. 681—683.

[8] *Valk, G., Krüssmann, H., Dugal, S.*, und *Gentzsch, Chr.*: Nachweis von ω-Aminocarbonsäuren und Carbonylverbindungen in thermooxidativ abgebautem Polycaprolactam. Angew. makromol. Chemie **10** (1970) S. 127—133.

[9] *Valk, G., Heidemann, G., Dugal, S.*, und *Krüssmann, H.*: Konformationsabhängigkeit der Reaktivität N-vicinaler Methylengruppen in Polyamiden. Angew. makromol. Chemie **10** (1970) S. 135—142

[10] *Schlack, P.*: Oxydationserscheinungen an Polyamiden. Angew. Chemie **80** (1968) 18, S. 761.

[11] *Nikulina, L. E., Koroleva, V. R.*, und *Čečko, V. A.*: Der Einfluß von Verunreinigungen im ε-Caprolactam auf die thermische Beständigkeit von Polycaproamid. Chim. Volokna (Chem. Fasern) (1972) 1, S. 21—22.

[12] *Berger, W.*, und *Otto, C.:* Zum Einfluß des Eisen(III)-chlorids auf das Oxydationsverhalten von Polyamid 6. Faserforsch. u. Textiltechnik **22** (1971) 10, S. 482–486.
[13] *Hummel, U. P.*, und *Oxley, I. H.:* Kontinuierliches Herstellen von Polyesterfasern aus Dimethylterephthalat oder reiner Terephthalsäure. Chem. Ind. **30** (1969) 4, S. 251–254.
[14] *Dietze, M.*, und *Kühne, H.:* Entwicklung und Gestaltung technischer Reaktoren zur kontinuierlichen Herstellung von Polyesterschmelze. Chemiefasern **19** (1969) 3, S. 1–8.
[15] *Rodionov, W. A.*, *Ovdak, A. P.*, und *Maiboroda, I. N.:* Ergebnisse der Erprobung der kontinuierlichen Fließstraße für die Aufbereitung des Granulates von Kapronharz. Chim. Volokna (Chem. Fasern) **14** (1972) 6, S. 13–14.
[16] *Rodionov, V. A.*, *Ovdak, A. R.*, und *Majboroda, I. N.:* Arbeitskennziffern der kontinuierlichen Fließstraße für die Aufbereitung des Granulates von Kapronharz. Chim. Volokna (Chem. Fasern) **15** (1973) 1, S. 46–48.

Eingegangen am 17. Dezember 1973

Modifizierung von Acrylnitrilcopolymeren durch Thioamidierung und Untersuchung der Eigenschaften der thioamidierten Faserstoffe

L. M. Levites, G. A. Gabrieljan, G. I. Kudrjavcev und Z. A. Rogovin

Allunions-Kunstfaserforschungsinstitut, Mytišči/UdSSR; Moskauer Textilhochschule, Moskau/UdSSR

DK 678.745.32–13:677.494.745.32–134.322:677.862.2:547.398.4:677.016.413.4:677.017.127

Zwecks Gewinnung von Thioamidgruppen enthaltenden Copolymeren des Acrylnitrils wurden die wichtigsten Gesetzmäßigkeiten der Thioamidierung entsprechender Copolymerer mit Acrylsäure, Methylacrylat, Vinylidenchlorid, Vinylchlorid und Styrol unter homogenen sowie heterogenen Reaktionsbedingungen untersucht. Es wurden ferner einige physikalisch-mechanische und thermomechanische Eigenschaften von thioamidierten Faserstoffen auf Basis von Copolymeren des Acrylnitrils mit Vinylidenchlorid bzw. Vinylchlorid bestimmt. Infolge der chemischen Modifizierung ist eine beträchtliche Erhöhung der thermischen und Wärmebeständigkeit der Faserstoffe sowie ihres Elastizitätsmoduls bei erhöhten Temperaturen festzustellen.

Модификация сополимеров акрилонитрила путем реакции тиоамидирования и изучение свойств тио амидированных волокон

С целью получения сополимеров АН, содержащих тиоамидные группы, исследованы основные закономерности реакции тиоамидирования сополимеров с акриловой кислотой, метилакрилатом, винилиденхлоридом, винилхлоридом и стиролом в гомогенной и гетерогенной средах. Изучены некоторые физико-механические и термомеханические свойства тиоамидированных волокон, на основе АН/ВДХ и АН/ВХ. Показано, что в результате осуществления химической модификации значительно повышается термо- и теплостойкость волокон и модуль их эластичности при повышенных температурах.

Modification of Acrylonitrile Copolymers by Thioamidation and Investigation of the Properties of Fibers Subjected to Thioamidation

In order to prepare acrylonitrile copolymers containing thioamide groups the thioamidation process of the copolymers with acrylic acid, methylacrylate, vinylidenchloride, vinylchloride and styrene have been investigated under homogeneous and heterogeneous reaction conditions. Some mechanical and thermomechanical properties of thioamidated fibers from copolymers of acrylonitrile with vinylidenechloride or vinylchloride were determined. The chemical modification results in an essential increase of thermal stability and of the Young modulus at elevated temperatures.

Einleitung

Zur Modifizierung von Fertigerzeugnissen aus Polymermaterialien werden in weitem Umfang die Verfahren der polymeranalogen Umwandlungen herangezogen. Immer größere Bedeutung kommt diesen Verfahren auch im Zusammenhang mit der Modifizierung von Chemiefaserstoffen zu. Die Untersuchung der Gesetzmäßigkeiten chemischer Reaktionen von Polymeren ist deshalb nicht nur theoretisch interessant, sondern auch für die Praxis sehr bedeutsam.

Zu den interessantesten und wenig untersuchten Reaktionen gehört die Umwandlung der Nitrilgruppen des Polyacrylnitrils (PVY) zu Thioamidgruppen. Schon früher wurde gezeigt, daß unter sehr milden Bedingungen das PVY in polaren Lösungsmitteln in Gegenwart von basischen Katalysatoren leicht mit Schwefelwasserstoff reagiert, wobei eine partielle Umwandlung der Nitrilgruppen in Thioamidgruppen erfolgt [1]. Die Einführung von Thioamidgruppen in das PVY ist für den Einsatz entsprechender Materialien als Ionenaustauscher von Interesse.

Um Thioamidgruppen enthaltende Copolymere des Acrylnitrils (AN) zu gewinnen und den Einfluß der Natur der benachbarten funktionellen Gruppen in den Copolymeren auf die Reaktionsfähigkeit der Nitrilgruppen bei der Thioamidierung zu untersuchen, verfolgten wir die Umsetzung von AN-Copolymeren mit Schwefelwasserstoff unter homogenen wie auch heterogenen Bedingungen. Als Ausgangsprodukte dienten Copolymere des Acrylnitrils mit Acrylsäure (AN/AS), Methylacrylat (AN/MA), Vinylidenchlorid (AN/VDC), Vinylchlorid (AN/VC) und Styrol (AN/S) mit unterschiedlichem Gehalt an Comonomerem.

Experimenteller Teil

Die Copolymererisate mit Styrol (AN/S) wurden in Gegenwart von Benzoylperoxid bei 60 °C im Block erhalten; ln η der 0,5%igen Lösungen in DMF bei 20 °C betrug 3,80. Die Copolymerisate mit MA und AS wurden in DMSO mit Azo-bis-isobutyronitril als Initiator gewonnen; ln η der 0,5%igen Lösung in DMF betrug für AN/MA 1,90 und für AN/AS 1,60.

Als AN/VDC- und AN/VC-Copolymere dienten handelsübliche Proben mit ln η = 1,51 (AN/VC) bzw. 1,41 (AN/VDC).

a) Thioamidierung von PVY und AN-Copolymeren unter homogenen Bedingungen

In Lösungen der Polymerproben in DMF (Konzentration 0,75 mol/l) wurde langsam H_2S solange eingeleitet (15 bis 30 min), bis die Lösung 2 mol H_2S pro mol Polymeres enthielt. Vor dem Einleiten wurden der Lösung 0,02 mol je Grundmol Ammoniumhydrosulfid zugesetzt. Anschließend wurde das Reaktionsgemisch in Ampullen überführt und nach Zuschmelzen unterschiedlich lange bei 0, 20 bzw. 40 °C gehalten. Nach beendetem Versuch wurde das Polymere mit Wasser ausgefällt, an der Luft getrocknet, erneut aus DMF-Lösung mit Wasser umgefällt, mit Alkohol gewaschen und schließlich im Vakuum über P_2O_5 bei 20 °C getrocknet. Zur Charakterisierung der gewonnenen Produkte wurde der Stickstoff-, Schwefel- und, im Falle der chlorhaltigen Copolymeren, der Chlorgehalt bestimmt.

b) Thioamidierung von PVY und AN-Copolymeren unter heterogenen Bedingungen

Die Proben in Form von Pulver, Film oder Faserstoff wurden in zugeschmolzenen Ampullen mit 20%iger wäßriger Ammoniumsulfidlösung (Flottenverhältnis 1:50) unterschiedlich lange auf 90 bis 100 °C erhitzt. Nach Beendigung des Versuchs wurden die Produkte mit Wasser gewaschen, mit siedendem Alkohol extrahiert und an der Luft getrocknet.

Diskussion und Ergebnisse

Die stark negative Ladung des Stickstoffatoms begünstigt eine beträchtliche Verschiebung der Elektronendichte in der Nitrilgruppe zum Stickstoff hin, weshalb das Kohlenstoffatom positiv geladen ist (—C≡N) [2].

Diese Tatsache bestimmt die hohe Reaktionsfähigkeit der Nitrilgruppe in elektrophilen Reaktionen bei der Umsetzung mit nucleophilen Verbindungen, insbesondere mit Schwefelwasserstoff.

Die nucleophile Anlagerung des Schwefelwasserstoffs an die Nitrilgruppen beginnt mit einem Angriff des nucleophilen Sulfhydrylions auf das Kohlenstoffatom der Nitrilgruppe nach folgendem Schema:

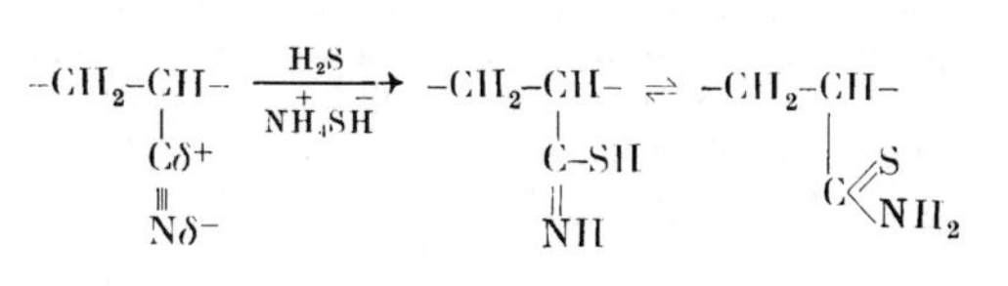

Die Reaktionsgeschwindigkeit hängt in erheblichem Maße von der Basizität des benutzten Katalysators ab, von der Polarität des Mediums und besonders auch von Faktoren, die zu einer Erhöhung der positiven Ladung des C-Atoms der Nitrilgruppe führen [2].

Der Einfluß dieser Faktoren auf die Reaktionsfähigkeit der Nitrilgruppe bei der Thioamidierung tritt in noch stärkerem Maße bei der Umsetzung mit Schwefelwasserstoff auf.

In Bild 1 sind die bei der Umsetzung von Schwefelwasserstoff mit AN-Copolymeren mit AS, MA bzw. Vinylacetat (5% Comonomeres) erhaltenen Resultate dargestellt. Es zeigt sich, daß der Umsatz der Nitrilgruppen zu Thioamidgruppen bei den Copolymeren erheblich größer ist als bei PVY, was auf die vergleichsweise höhere Reaktionsfähigkeit der Nitrilgruppen in den Copolymeren hinweist.

Die unterschiedliche Reaktionsfähigkeit der Nitrilgruppen läßt sich nicht mit einem Induktionseffekt

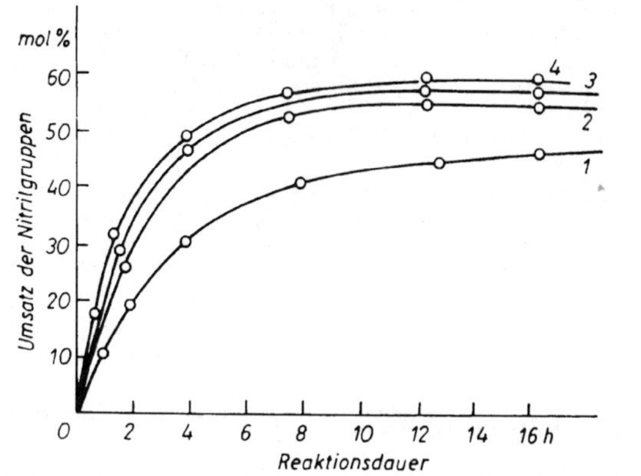

Bild 1. Einfluß der Natur der benachbarten funktionellen Gruppen in den AN-Copolymeren auf den Umsatz während der Thioamidierung
1 PVY; 2 AN/AS; 3 AN/MA; 4 AN/VA

erklären, da in diesem Falle die höchste Reaktionsgeschwindigkeit bei PVY selbst zu verzeichnen sein müßte, und zwar infolge des Vorhandenseins einer anderen, im Vergleich zu Carbonyl- und Estergruppen stärker negativen Nitrilgruppe in Stellung 3 zur Nitrilgruppe.

Am logischsten läßt sich das unterschiedliche Reaktionsverhalten der Nitrilgruppen anhand unserer Ergebnisse mit der Möglichkeit einer innermolekularen nucleophilen Umsetzung der Nitrilgruppen mit benachbarten funktionellen Gruppen gemäß folgendem Schema erklären:

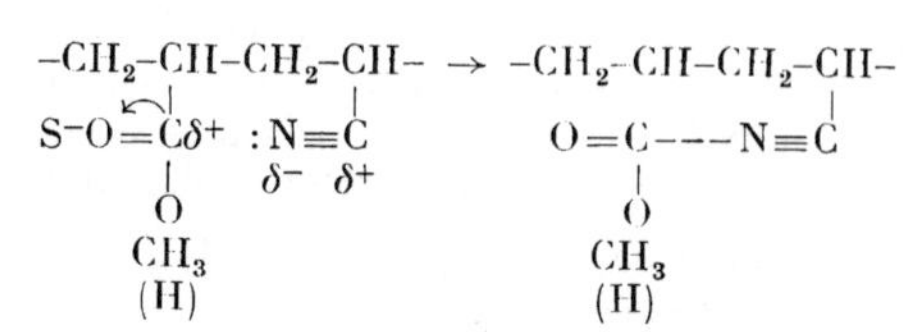

Dadurch wird das C-Atom der Nitrilgruppe stärker positiv und die Nitrilgruppe stärker elektrophil, es werden also günstigere Voraussetzungen für den Angriff des nucleophilen (:SH)-Ions auf das C-Atom der Nitrilgruppe geschaffen.

Das bedingt wiederum die relativ hohe Geschwindigkeit der H_2S-Anlagerung an die Nitrilgruppen (s. Reaktionsschema):

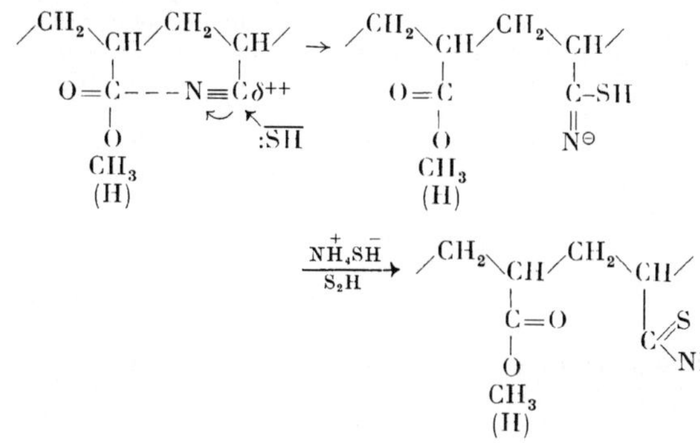

Weil die Reaktion der Nitrilgruppe mit dem positiv geladenen C-Atom einer Carboxyl- oder Estergruppe räumlich leichter erfolgen kann als mit einer anderen Nitrilgruppe (infolge ihrer ebenen Anordnung und

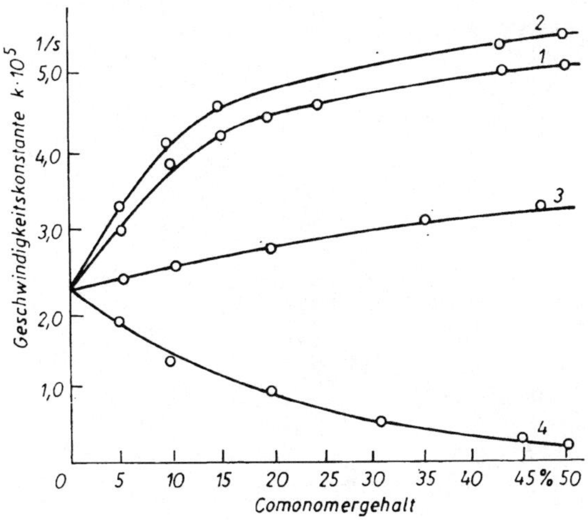

Bild 2. Abhängigkeit der Reaktionsgeschwindigkeitskonstante bei der Thioamidierung von AN-Copolymeren vom Comonomerengehalt
1 AN/AS; 2 AN/MA; 3 AN/VDC; 4 AN/S

ihrer geringen Beweglichkeit [3]), verläuft die Anlagerung von Schwefelwasserstoff an die Nitrilgruppen der Copolymeren mit höherer Geschwindigkeit als beim PVY.

Bild 2 zeigt die Abhängigkeit der Geschwindigkeitskonstante der Thioamidierung von AN-Copolymeren mit S, VDC, MA und AS vom Gehalt an Comonomeren. Zur Berechnung der Konstanten wurde für den Anfangszeitraum von Gleichungen erster Ordnung ausgegangen. Bestätigt wurde die Richtigkeit der Berechnungen auf analytischem und graphischem Wege [4]. Aus den Angaben ist zu ersehen, daß die Geschwindigkeitskonstante bei einem Gehalt bis 15 mol% Ester- und Carboxylgruppen in den Copolymeren stark ansteigt. Setzt man ein AN/AS-Copolymeres mit mehr als 15% Comonomeren ein, so ändert sich die Reaktionsgeschwindigkeit nicht mehr wesentlich. Die nichtlineare Abhängigkeit der Geschwindigkeitskonstante mit steigendem Gehalt an Comonomeren kann auf die unregelmäßige Aufeinanderfolge der Monomerglieder in den benutzten Copolymeren zurückzuführen sein. Bestätigt wird diese Vermutung durch Untersuchungen zur Thioamidierung von AN/S- und AN/VDC-Copolymeren, bei denen die Monomerglieder regelmäßig alternieren [5].

Bild 2 zeigt ferner einen fast linearen Anstieg der Geschwindigkeitskonstante mit dem Comonomergehalt für AN/VDC-Copolymeres und Abnahme für AN/S-Copolymeres. Letzteres ist auf sterische Hinderungen durch die voluminösen Phenylgruppen zurückzuführen.

Von besonderer Bedeutung unter den untersuchten Copolymeren sind die mit Vinylchlorid und Vinylidenchlorid, da sich aus ihnen wärmebeständige, nichtbrennbare Faserstoffe herstellen lassen [6].

Zur Herstellung von Faserstoffen werden in einigen Fällen AN-Copolymere mit bis zu 50 mol% Comonomergehalt eingesetzt. Es war daher von Interesse, den Verlauf der Thioamidierung entsprechender AN-Copolymerer mit VDC und VC (Zusammensetzung 50:50) zu untersuchen. Um die Möglichkeit des Vergleichens

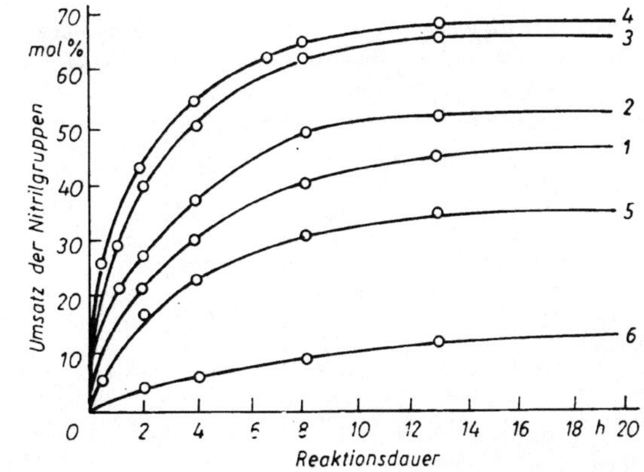

Bild 3. Einfluß der Natur der benachbarten funktionellen Gruppen in den Copolymeren (Zusammensetzung 50:50) auf den Umsatz der Nitrilgruppen zu Thioamidgruppen
1 PVY; 2 AN/VDC; 3 AN/AS; 4 AN/MA; 5 AN/VC; 6 AN/S

zu haben, wurden ebenfalls auch AN/MA-, AN/AS- und AN/S-Copolymere äquimolarer Zusammensetzung untersucht. Die Ergebnisse sind in Bild 3 dargestellt.

Wie zu erkennen ist, liegt die Reaktionsgeschwindigkeit bei den Copolymeren merklich über derjenigen des PVY. Im Falle des AN/VDC-Copolymeren ist die höhere Geschwindigkeit offenbar auch auf die innermolekulare Umsetzung der Nitrilgruppe mit dem positiv geladenen und mit den Cl-Atomen verbundenen C-Atom zurückzuführen:

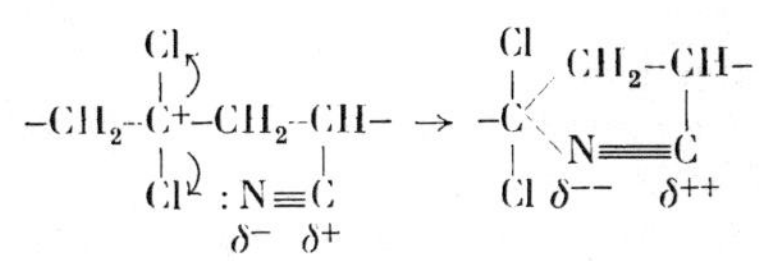

Bei dem AN/VC-Copolymeren liegt die Reaktionsgeschwindigkeit beträchtlich unter derjenigen bei PVY, was offenbar mit sterischen Hinderungen zu erklären ist [3].

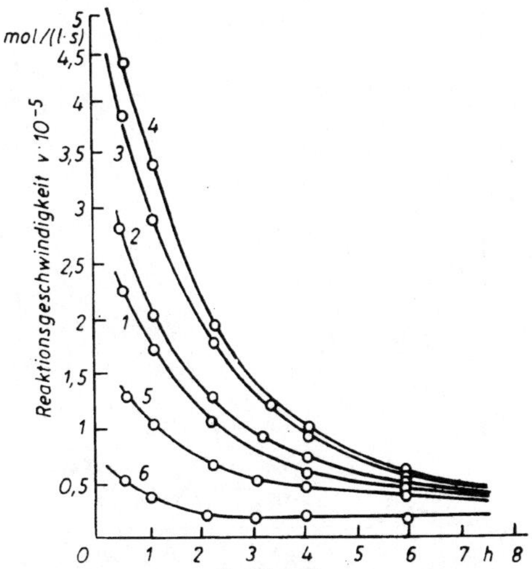

Bild 4. Abhängigkeit der Reaktionsgeschwindigkeit bei der Thioamidierung von der Reaktionsdauer bei 20 °C
1 PVY; 2 AN/VDC; 3 AN/AS; 4 AN/MA; 5 AN/VC; 6 AN/S

Tabelle 1. Einfluß der Natur der benachbarten funktionellen Gruppen in den AN-Copolymeren auf die Geschwindigkeit der Thioamidierung

Copolymer	Geschwindigkeitskonstante k. 10^5 1/s			Aktivierungsenergie kcal/mol
	bei 0 °C	bei 20 °C	bei 40 °C	
AN/MA	2,30	5,11	7,28	4,96 ± 0,5
AN/AS	2,10	4,80	6,94	5,14 ± 0,5
AN/VDC	1,74	3,12	6,70	5,67 ± 0,3
PVY	1,46	2,30	6,58	6,18 ± 0,3
AN/VC	0,82	1,53	4,47	7,45 ± 0,4
AN/S	0,12	0,29	1,92	11,9 ± 0,2

Für alle Copolymeren ist die Reaktionsgeschwindigkeit zu Beginn sehr hoch und fällt dann stark ab. Praktisch ist die Reaktion nach 6 bis 8 h beendet (mit Ausnahme des AN/S-Copolymeren), wobei bereits ab einem Umsatz von über 50% der gesamten Nitrilgruppen die Geschwindigkeit nur noch minimal ist. Berechnet wurden die Geschwindigkeitskonstanten für drei Temperaturen (0, 20, 40 °C) (Tabelle 1). Mit Hilfe der *Arrhenius*-Gleichung wurden dann die entsprechenden Aktivierungsenergien berechnet.

Aus den Angaben ist zu entnehmen, daß die Aktivierungsenergie für AN-Copolymere mit polaren benachbarten Gruppen merklich unter derjenigen für PVY liegt. Für AN/S-Copolymeres beträgt die Aktivierungsenergie 11,9 kcal/mol und ist damit fast doppelt so hoch wie für AN/VDC-, AN/AS- und AN/MA-Copolymere.

Bild 5 zeigt den Verlauf der Thioamidierung von AN-Copolymeren (50:50) unter heterogenen Bedingungen (in wäßriger Ammoniumsulfidlösung).

Bei einem Vergleich der Angaben aus Bild 5 ergibt sich, daß Schwefelwasserstoff in wäßrigem Medium am raschesten mit AN-Copolymeren mit AS und MA reagiert. Der Kurvenverlauf spricht in diesem Falle dafür, daß ebenso wie bei PVY die Thioamidierung von einer Verseifung der gebildeten Thioamidgruppen

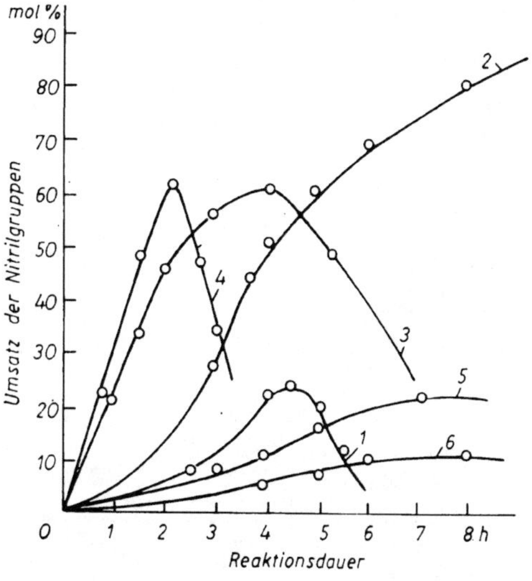

Bild 5. Einfluß der benachbarten funktionellen Gruppen in den AN-Copolymeren auf den Umsatz während der Thioamidierung bei 90 °C (in wäßrigem Medium)
1 PVY; 2 AN/VDC; 3 AN/MA; 4 AN/AS; 5 AN/VC; 6 AN/S

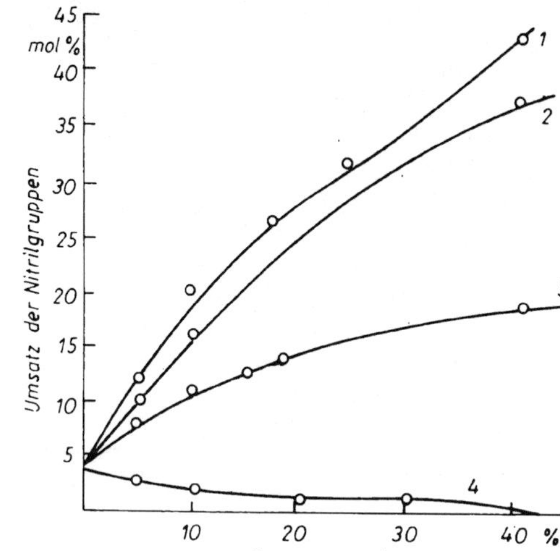

Bild 6. Abhängigkeit des Umsatzes der Nitrilgruppen zu Thioamidgruppen während 120 min bei 90 °C vom Comonomerengehalt
1 AN/AS; 2 AN/VC; 3 AN/VDC; 4 AN/S

begleitet wird. Bei den genannten Copolymeren beginnt die Verseifung jedoch schon früher und verläuft mit höherer Geschwindigkeit als beim PVY. Die Anwesenheit von Carboxyl- und Estergruppen in den Copolymeren erhöht also nicht nur die Geschwindigkeit der Thioamidierung, sondern begünstigt auch die Verseifung.

Im Falle des AN/S-Copolymeren ist die Geschwindigkeit der Thioamidierung sowohl unter heterogenen als auch unter homogenen Bedingungen erheblich geringer.

Ganz anders verhalten sich die AN/VDC- und AN/VC-Copolymeren, bei denen es zu keiner Verseifung der gebildeten Thioamidgruppen kommt. Dadurch gelang im Falle von AN/VDC die fast vollständige (~95%) Umwandlung der Nitrilgruppen in Thioamidgruppen.

Wie ferner auch aus Bild 5 zu entnehmen ist, ist bei AN/VDC eine wesentlich höhere Reaktionsgeschwindigkeit zu verzeichnen als bei AN/VC.

Die Geschwindigkeit der Thioamidierung sowohl unter heterogenen als auch unter homogenen Bedingungen hängt in erheblichem Maße vom Gehalt des Comonomeren im Copolymeren ab. Wie entsprechende Untersuchungen zeigen (Bild 6), nimmt die Reaktionsgeschwindigkeit mit steigendem Gehalt an AS, MA und VDC zu, während sie bei AN/S abnimmt.

Die beträchtlichen Unterschiede in der Reaktionsgeschwindigkeit zwischen PVY und den AN-Copolymeren bei Durchführung der Thioamidierung unter heterogenen Bedingungen lassen sich wahrscheinlich mit einem rascheren Eindringen des Agens in das Polymere infolge Strukturauflockerung erklären. Zur Bestätigung dieser Annahme wurden die Diffusionskoeffizienten für Copolymere unterschiedlicher Zusammensetzung sowie PVY bestimmt. Da wegen der Flüchtigkeit des Ammoniumsulfids die Bestimmung der Koeffizienten bei 90 °C experimentell schwierig ist, wurden sie bei 20 °C in üblicher Weise ermittelt [7].

Tabelle 2. Abhängigkeit des Diffusionskoeffizienten von der Art und der Menge des Comonomeren

	PVY	AN/S	AN/MA	AN/MA	AN/VDC	AN/VDC	AN/VDC	AN/VC	AN/AS	AN/AS	AN/S
Comonomergehalt in %	—	5	5	10	5	15	50	50	5	10	20
Diffusionskoeffizient $D.10^{-11}$ cm^2/s	0,98	1,20	1,16	1,18	1,21	1,18	1,22	1,19	3,45	3,50	3,65

Die Kinetik der Diffusion ist in Bild 7 wiedergegeben. Wie zu erwarten war, ist die Diffusionsgeschwindigkeit im Falle von AN/AS-Copolymerem erheblich höher als bei den anderen Copolymeren und PVY. Die in der Tabelle 2 enthaltenen Werte der Koeffizienten zeigen, daß im Bereich zwischen 5 und 50% Comonomergehalt keine wesentliche Änderung der Diffusionskoeffizienten zu verzeichnen ist. Diese Untersuchungsergebnisse sprechen dafür, daß die unterschiedliche Reaktionsfähigkeit der Nitrilgruppen in den Copolymeren und im PVY — mit Ausnahme von AN/AS — nicht auf Unterschiede in der Diffusionsgeschwindigkeit zurückzuführen ist.

Folglich ist anzunehmen, daß die höhere Reaktionsgeschwindigkeit der AN-Copolymeren unter heterogenen wie auch homogenen Bedingungen in der Hauptsache durch den Einfluß der benachbarten funktionellen Gruppen bestimmt wird. Unter heterogenen Bedingungen ist jedoch — im Gegensatz zur Reaktion im homogenen Medium — die höchste Geschwindigkeit bei AN/AS-Copolymeren zu beobachten. Das läßt sich offenbar damit erklären, daß in diesem Falle der Diffusionskoeffizient beinahe um das Drei- bis Vierfache höher ist als bei AN/MA- und AN/VDC-Copolymeren.

Die Natur des Comonomeren übt einen wesentlichen Einfluß nicht nur auf die Geschwindigkeit der Umsetzung von Schwefelwasserstoff mit den Nitrilgruppen, sondern auch auf den gesamten Reaktionsverlauf aus. Die bei der Thioamidierung der chlorhaltigen Copolymeren unter heterogenen Bedingungen ablaufenden Nebenreaktionen sind im wesentlichen durch die für die Chloratome charakteristischen Reaktionen bedingt.

Bild 7. Kinetik der Diffusion von Ammoniumsulfid in die AN-Copolymere bei 20 °C

1 PVY; 2 AN + 5% MA; 3 AN + 50% VDC; 4 AN + 10% MA; 5 AN + 5% S; 6 AN + 5% AS; 7 AN + 10% AS; 8 AN + 20% AS

Bei der Thioamidierung von AN/VDC- und AN/VC-Copolymeren wurde gefunden, daß in beiden Fällen Nebenreaktionen ablaufen, die zu einer merklichen Herabsetzung des Chlorgehalts der modifizierten Proben führten. Eine gewisse Abnahme des Chlorgehalts während der Thioamidierung war zu erwarten, da die rel. Molekülmasse des Copolymeren durch die Anlagerung von Schwefelwasserstoff sich erhöht. Entsprechende Berechnungen zeigen, daß bei 100%igem Umsatz der Nitrilgruppen der Chlorgehalt z. B. im AN/VDC-Copolymeren 37 bis 38% ausmachen muß. Experimentell wurden jedoch, wie aus Tabelle 3 zu entnehmen ist, bei fast vollständigem Umsatz nur 18% gefunden. Hervorgerufen sein kann die Abnahme des Chlorgehaltes durch eine Dehydrochlorierung der Vinylidenchloridglieder nach folgendem Schema:

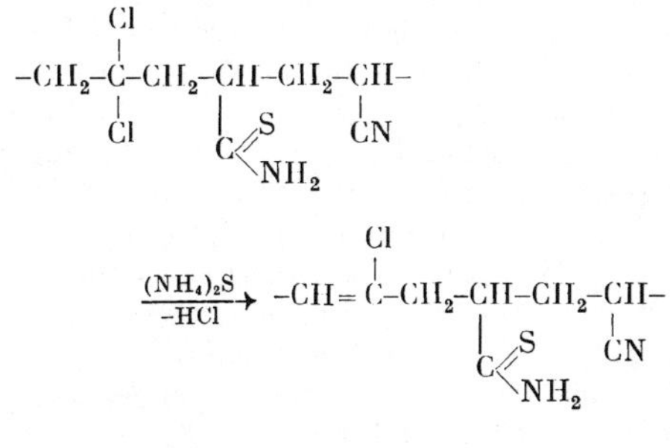

Tabelle 3. Einfluß der Reaktionsdauer auf den Umsatz der Nitrilgruppen in AN/VDC- und AN/VC-Copolymeren während der Thioamidierung mit Ammoniumsulfid bei 90 °C

Dauer h	Elementaranalyse S %	N %	Cl %	S-Gehalt in den Thioamidgruppen (mittels $AgNO_3$) %	Umsatz der Nitrilgruppen anhand des S-Gehaltes in den Thioamidgruppen
			AN/VDC-Copolymeres		
0	—	11,0	41,5	—	—
3	5,3	10,5	35,8	5,42	22,7
4	9,5	10,0	32,3	9,38	42,0
5	12,5	9,7	28,0	12,35	56,0
6	16,6	9,3	22,4	16,15	78,9
7	21,0	8,9	18,0	20,85	99,5
			AN/VC-Copolymeres		
0	—	11,6	31,8	—	—
3	7,1	11,4	27,22	1,30	4,71
4	10,5	11,1	25,0	2,97	10,75
5	14,7	10,72	23,0	4,25	15,63
7	17,6	10,64	18,50	5,70	21,60
8	18,8	10,40	17,70	6,46	24,55

Anmerkung: Der Umsatz wurde unter der Annahme berechnet, daß lediglich Thioamidierung erfolgt.

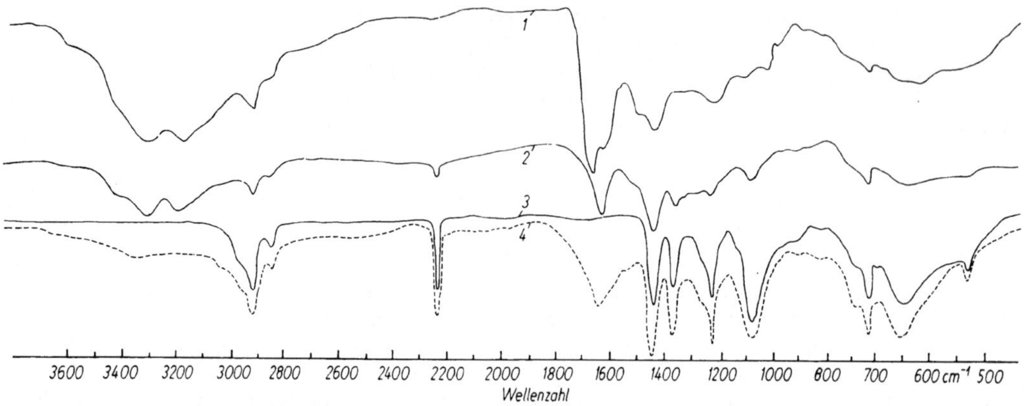

Bild 8. IR-Spektren
1 AN/VDC-Copolymeres, unbehandelt; 2 nach Behandlung mit Ammoniumhydroxid (Chlorgehalt 34%); 3 nach der Thioamidierung (Schwefelgehalt 9,5%); 4 nach der Thioamidierung (Schwefelgehalt 21,0%)

Zwecks Nachprüfung des mutmaßlichen Reaktionsablaufs wurden Vergleichsversuche angesetzt. Dazu wurde eine AN/VDC-Probe ohne Schwefelwasserstoff mit 12%iger wäßriger Ammoniumhydroxidlösung unter gleichen Bedingungen wie bei der Thioamidierung behandelt. Dabei stellte sich heraus, daß infolge der 5 h Behandlung bei 90 °C der Chlorgehalt des AN/VDC-Copolymeren von 41,5 auf 34% zurückging. Vergleicht man die IR-Spektren (Bild 8) des unbehandelten und des wie oben beschrieben behandelten Copolymeren, so zeigt sich, daß im letzteren Falle eine neue intensive Bande bei 1660 cm^{-1} auftritt, die auf die Bildung einer C=C-Doppelbindung hinweist [8].

Diese Tatsache bestätigt die Richtigkeit der Annahme des Ablaufs der Dehydrochlorierung während der Thioamidierung von AN/VDC-Copolymerem in wäßrigem Medium. Bild 8 zeigt ferner, daß bei der Behandlung der Copolymeren mit wäßriger Ammoniumsulfidlösung die Intensität der für die Nitrilgruppe charakteristischen Bande bei 2237 cm^{-1} stark abnimmt. Gleichzeitig erscheint infolge der Bildung von Thioamidgruppen eine intensive Bande bei 1630 cm^{-1}.

Eine Thioamidierung von 7 h führt zum völligen Verschwinden der Nitrilbande, d. h. die Nitrilgruppen werden vollständig in Thioamidgruppen umgewandelt, was auch mit der Elementaranalyse übereinstimmt (Tabelle 3).

Für die in wäßrigem Medium thioamidierten AN/VDC-Copolymeren ist auch eine wesentliche Schwächung der Intensität der Bande bei 650 cm^{-1} (Valenzschwingungen der C—Cl-Bindung) charakteristisch, was für die merkliche Abnahme des Cl-Gehaltes spricht. Im Gegensatz zu kürzer behandelten (4 h) Proben tritt jedoch eine neue intensive Bande bei 1660 cm^{-1} auf [8] (Bildung der C=C-Doppelbindung). Daß diese Bande bei den kürzer behandelten Proben nicht erscheint, läßt sich damit erklären, daß ihre Intensität zu gering ist und sie durch die breite Bande der Thioamidgruppe überdeckt wird. Es besteht jedoch kein Zweifel daran, daß die Dehydrochlorierung stattfindet, wobei diese bereits zu Beginn der Thioamidierung abzulaufen beginnt. Das geht auch aus den Angaben der Elementaranalyse (Tabelle 3) hervor, denen zu entnehmen ist, daß der Chlorgehalt wesentlich unter dem theoretischen Wert liegt.

Der Verlauf der Thioamidierung von AN/VC-Copolymerem unter heterogenen Bedingungen ist noch komplizierter. Wie aus Tabelle 3 zu ersehen ist, liegt der Gesamtschwefelgehalt der thioamidierten AN/VC-Proben höher, als dem S-Gehalt der Thioamidgruppen entsprechen würde. Ebenso wie auch bei AN/VDC-Copolymerem finden bei den AN/VC-Copolymeren Nebenreaktionen statt, die zu einer Verringerung des Chlorgehaltes führen. Hier ist jedoch der Reaktionsmechanismus ein anderer, eine Dehydrochlorierung findet nicht statt. Das ergibt sich aus Versuchen zur Behandlung von AN/VC-Proben mit 12%igem Ammoniak. Dabei erfolgt keine Veränderung der Elementarzusammensetzung und des IR-Spektrums (Bild 9). Den relativ hohen Schwefelgehalt (mehr als den freien Thioamidgruppen entsprechen würde) bei längerer Behandlung mit wäßriger Ammoniumsulfidlösung und den niedrigeren Chlorgehalt kann man damit erklären, daß neben der Umsetzung der Nitrilgruppen mit dem Schwefelwasserstoff auch noch die im Copolymeren vorhandenen Chloratom mit dem Ammoniumsulfid reagieren, wie das schematisch nachstehend gezeigt wird:

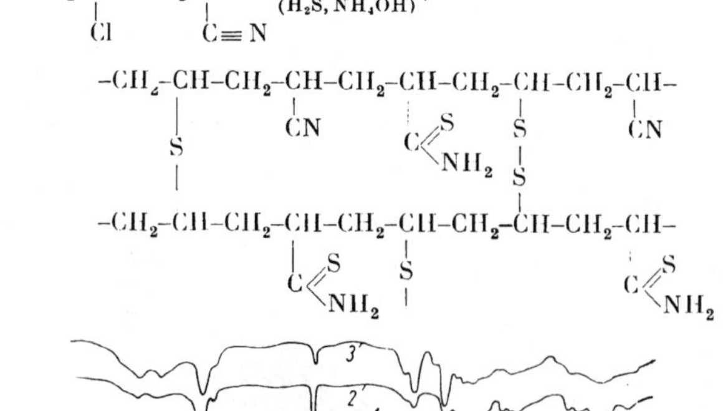

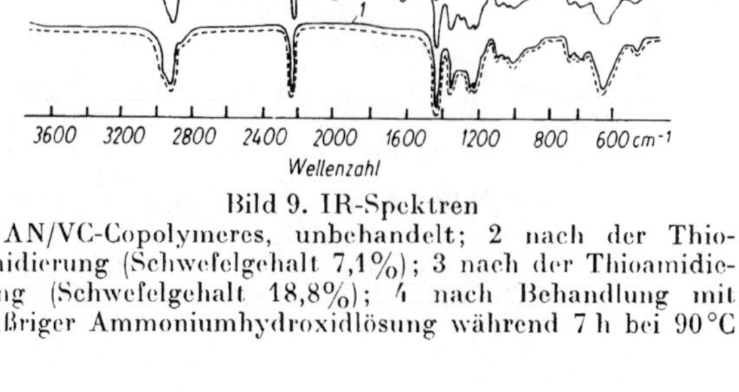

Bild 9. IR-Spektren
1 AN/VC-Copolymeres, unbehandelt; 2 nach der Thioamidierung (Schwefelgehalt 7,1%); 3 nach der Thioamidierung (Schwefelgehalt 18,8%); 4 nach Behandlung mit wäßriger Ammoniumhydroxidlösung während 7 h bei 90 °C

Die Annahme des Ablaufs dieser Reaktionen basierte auf Untersuchungen deutscher [9] und japanischer [10] Autoren, die sich mit der Umsetzung von Polyvinylchlorid mit Schwefelwasserstoff beschäftigt hatten. Aus den IR-Spektren geht ebenfalls eine erhebliche Abnahme der Intensität der Bande bei 650 cm^{-1} (C—Cl-Bindung) hervor. Aus dem Gesamtschwefelgehalt sollte zu erwarten sein, daß die Nitrilgruppen vollständig in Thioamidgruppen umgewandelt werden. Die Auswertung der IR-Spektren ergibt jedoch, daß selbst bei langer Reaktionsdauer noch nichtumgesetzte Nitrilgruppen vorhanden sind, worauf die ziemlich intensive Bande 2237 cm^{-1} hinweist. Aus den Darlegungen läßt sich folgern, daß bei der Thioamidierung von AN/VC-Copolymeren gleichzeitig mit der Bildung von Thioamidgruppen auch eine Umsetzung der Chloratome mit dem Ammoniumsulfid unter Bildung von Sulfid- und Disulfidbrücken erfolgt. Kennzeichnend für die Thioamidierung der AN/VC- und AN/VDC-Copolymeren ist, daß diese ihre Löslichkeit in Lösungsmitteln verlieren, in denen sie sonst löslich sind.

Die Thioamidierung in wäßriger Ammoniumsulfidlösung wurde von uns zur Modifizierung von Faserstoffen aus AN/VDC-Copolymeren (50:50) sowie AN/VC-Copolymeren (50:50) herangezogen, um zu wärmebeständigen, unbrennbaren Faserstoffen zu gelangen. In der Tabelle 4 sind einige physikalisch-mechanische Eigenschaften derartig modifizierter Faserstoffe angegeben. Wie zu ersehen ist, erhöht sich die Wärmebeständigkeit der Faserstoffe infolge der Modifizierung beträchtlich. Bei 140 °C zeigen die modifizierten Faserstoffe noch Restfestigkeiten von 70 bis 78%, die nichtmodifizierten dagegen nur von 5 bis 10%. Bei noch höheren Temperaturen werden die unbehandelten Faserstoffe vollständig zerstört, während die modifizierten noch über ausreichende Festigkeit verfügen. Als Folge der Ausbildung innermolekularer chemischer Bindungen während der Thioamidierung der Copolymerisatfaserstoffe weisen diese einen beträchtlich höheren Elastizitätsmodul bei höheren Temperaturen auf. So werden z. B. die unbehandelten Faserstoffe bei einer Prüftemperatur von 200 °C zerstört, während die modifizierten Faserstoffe noch einen relativ hohen Elastizitätsmodul zeigen. Auch die thermische Beständigkeit der modifizierten Faserstoffe an der Luft ist höher als bei den unbehandelten Faserstoffen. Bei 5 h Erwärmung bei 180 °C werden die unbehandelten Faserstoffe völlig zerstört, während die modifizierten noch Restfestigkeiten von 40 bis 44% aufweisen. Die Modifizierung der Copolymerisatfaserstoffe mit Ammoniumsulfid bewirkt also eine Verbesserung der Wärme- und thermischen Beständigkeit.

Zusammenfassung

1. Zur Gewinnung von Thioamidgruppen enthaltenden AN-Copolymeren wurden die wichtigsten Gesetzmäßigkeiten der Thioamidierung von Copolymeren mit Acrylsäure, Methylacrylat, Vinylidenchlorid, Vinylchlorid und Styrol unter homogenen und heterogenen Bedingungen untersucht.
2. Es wird gezeigt, daß die Anwesenheit von Carboxyl- und Estergruppen sowie von Vinylidenchlorid in den Copolymeren die Reaktionsgeschwindigkeit bei der Umsetzung der Nitrilgruppen mit Schwefelwasserstoff — im Vergleich zu derjenigen bei PVY — merklich erhöht, wogegen die Anwesenheit von Vinylchlorid und Styrol die Geschwindigkeit herabsetzt.
3. Bei der Umsetzung der Copolymeren mit Ammoniumsulfid in wäßrigem Medium laufen neben der Bildung der Thioamidgruppen Nebenreaktionen ab, die zur innermolekularen Vernetzung der Copolymeren führen.
4. Es wurden einige physikalisch-mechanische und thermomechanische Eigenschaften von thioamidierten Faserstoffen aus AN/VDC- und AN/VC-Copolymeren untersucht. Festzustellen ist, daß infolge der chemischen Modifizierung die thermische und Wärmebeständigkeit der Faserstoffe sowie der Elastizität bei höheren Temperaturen erheblich verbessert werden.

Literatur

[1] *Levites, L. M., Gabrieljan, G. A., Kudrjavcev, G. I.,* und *Rogovin, Z. A.:* Untersuchung der Thioamidierung von Polyacrylnitril. Vysokomol. Soed. (Hochmol. Verbind.) Serie B: Kratkie Sobšč. (Kurzmitt.) **12** (1970) 4, S. 309—313.

Tabelle 4. Änderung der Wärme- und thermischen Beständigkeit von modifizierten AN/VDC- und AN/VC-Faserstoffen mit dem Schwefelgehalt

lfd. Nr.	Schwefelgehalt in %		Physikalisch-mechanische Eigenschaften		Restfestigkeit in % bei höheren Temperaturen (Wärmebeständigkeit)*)			Elastizitätsmodul in $mN/mm^2 \cdot 10^{-3}$ bei °C				Thermische Beständigkeit (5 h Erhitzen bei 180 °C an Luft)
	Gesamt	Thioamid	Festigkeit p/tex·10/²	Dehnung %	140 °C	180 °C	200 °C	20	140	180	200	%
1	unbehandelt AN/VDC		38,4	10···11	5···10	0	0	596	107	0	0	0
2	5,3	5,3	37,2	10,8	60	44···46	17···20	592	235	176	78	25
3	9,5	9,5	37,0	10,8	65	50	30···34	598	315	245	145	27
4	16,6	16,6	34,9	10,5	70	60···65	35···40	598	539	470	392	36
5	22	22	24,5	10,0	70···75	68···72	49···53	592	558	558	441	40
6	unbehandelt AN/VC		29,4–30,4	10,1	8···10	0	0	583	78	0	0	0
7	7,1	1,3	30,9	10,0	58	32	15	589	176	98	68	31
8	10,5	2,97	29,2	9,4	62	43	30	588	245	176	98	40
9	14,7	4,25	29,4	9,4	67	52	43	588	294	245	156	42
10	17,6	5,70	29,0	9,5	70	55	50	592	343	294	245	44
11	18,8	6,46	28,7	9,2	73	59	53	592	372	333	264	44

*) Anmerkung: Die Prüfungen wurden bei Raumtemperatur durchgeführt.

[2] *Zil'berman, E. N.*: Reaktionen von Nitrilen (russ.) Moskva: Izd. Chimija 1972, S. 27.
[3] *Houwink, R.*, und *Staverman, S.*: Chimija Technol. Polimerov (Chemie Technol. Polymere) Moskva: Chimizdat 1965, S. 445.
[4] *Getman, F.*, und *Daniel's*: Grundlagen der physikalischen Chemie (russ.). Moskva: Goschimizdat 1941, S. 306.
[5] *Kudrjavcev, G. I.*: Habilitation Leningrad 1966.
[6] *Levites, L. M.*, *Gabriėljan, G. A.*, *Vasil'eva-Sokolova, E. A.*, *Kudrjavcev, G. I.*, und *Rogovin, Z. A.*: Eigenschaften von modifizierten Faserstoffen auf der Basis von Acrylnitril/Vinylidenchlorid-Copolymeren. Chim. Volokna (Chemiefaserstoffe) (1970) 4, S. 20–22.
[7] *Mankaš, E. K.*, und *Pakšver, A. B.*: Längenänderung der Polyamidseide im wäßrigen Phenolmedium. Ž. prikl. Chimii (Z. angew. Chemie) **26** (1959) 8, S. 830–834.
[8] *Nakanasi, K.*: IR-Spektren und Struktur organischer Verbindungen. Moskva: Izd. in. Lit. 1965.
[9] *Mädicke, A.*, *Krahnstöver, M. J.*, und *Sauerwald, F.*: Neue Versuche über die Behandlung von Hochpolymeren mit Schwefelwasserstoff, insbesondere hinsichtlich des Einflusses auf das Kriechverhalten. Faserforsch. u. Textiltechnik **19** (1968) 9, S. 401–406.
[10] *Hamamura, I.*, und *Uryima, H.*: J. Agric. Chem. Soc. Japan (1957) 31, S. 703.

Eingegangen am 19. November 1973

Über den Einfluß von Industrieschadgasen auf den Lichtabbau von Polyamid-6-Seiden

Gerhard Holy und Gottfried Glöckner

VEB Chemiefaserkombinat Schwarza „Wilhelm Pieck", Direktorat Wissenschaft

Technische Universität Dresden, Sektion Chemie, FG Polymercharakterisierung

DK 677.494.675'126:66.074.84:677.019.32:677.019.36:546.221.1:546.224–31:546.131

Es wurde der Einfluß von definierten Zusätzen an SO_2, HCl, H_2S bzw. CO_2 zur Gasatmosphäre bei der Xenotestbelichtung von unmattierter Polyamid-6-Seide untersucht. Die Proben wurden in Quarzglasgefäßen bestrahlt. SO_2 und in besonders starkem Maße HCl förderten den Lichtabbau von PA 6. Während SO_2 im Dunkeln im untersuchten Konzentrationsbereich keinen Einfluß ausübte, wirkte gasförmige HCl auch ohne gleichzeitige Belichtung schädigend. Bei Bestrahlung in einer Stickstoffatmosphäre traten auch bei Anwesenheit von SO_2 bzw. H_2S keine Schädigungen auf. CO_2 wirkte im untersuchten Bereich nicht abbaufördernd.

О влиянии промышленных отходных газов на фотодеструкцию филаментных нитей из полиамида-6

Изучено влияние определенных добавок SO_2, HCl, H_2S, и CO_2 к газовой атмосфере при облучении нематированных образцов полиамидных нитей в „Ксенотесте". Облучение осуществлялось в сосудах из кварца. Присутствие SO_2 и, в особенности, HCl оказывает ускоряющее влияние на фотодеструкцию полиамидных нитей. В то время как SO_2 в темноте не оказывал влияния на процесс деструкции, газообразный HCl даже без одновременного освещения приводит к деструкции. При облучении в атмосфере азота даже в присутствии SO_2 или HCl деструкции не наблюдалось. CO_2 не оказывал ускоряющего влияния на деструкцию.

The Effect of Industrial Waste Gas on the Photochemical Degradation of Polyamide 6 Multifilament Yarn

The effect of adding SO_2, HCl, H_2S and CO_2 in well determined quantities to the gas atmosphere in the Xenotest device on testing non-delustered polyamide 6 filament yarn has been investigated. The samples were exposed to radiation in quartz vessels. Photochemical degradation was increased by SO_2 and essentially by HCl. While SO_2 in the dark causes no effect in the range of concentration investigated, gaseous HCl leads to damage even without simultaneous exposure to radiation. On irradiation in nitrogene atmosphere no damage was observed in the presence of SO_2 or HCl. CO_2 has no influence on degradation in the range investigated.

1. *Einleitung und Problemstellung*

Die Fortschritte der industriellen Entwicklung führen zu einem immer größer werdenden Energiebedarf, der im überwiegenden Maße durch Verbrennung fossiler Brennstoffe gedeckt wird. Dabei entstehen Abgase, die auf die lebenden Organismen negative Auswirkungen haben und zu den bekannten Immissionsschäden in der Nähe industrieller Ballungsgebiete führen. In der Hauptsache sind es CO_2, CO, SO_2 und H_2S, die bei der Verbrennung von Kohle, Erdöl und Gas als Nebenprodukte entstehen. Hinzu kommt neuerdings HCl aus Müllverbrennungsanlagen.

Alle diese Gase wirken auf den Menschen und seine Umwelt. Mit dieser Arbeit soll ein Beitrag zur Kenntnis des Einflusses einiger Industrieschadgase auf Polyamidfaserstoffe bei Lichteinwirkung geleistet werden.

Es gibt bisher nur wenige Veröffentlichungen, die sich mit solchen Einflüssen von Gasen auf die textilphysikalischen Eigenschaften von Polyamidfaserstoffen befassen. *Zeronian* [1] untersuchte die Wirkung von SO_2 auf Polyamid-6,6-Fasern bei gleichzeitiger Belichtung und Bewetterung. Er fand, daß bei Einwirkung SO_2-haltiger Luft und Belichtung die Festigkeit um 50% gesenkt wurde. Eine gleichzeitige periodische Befeuchtung bewirkte einen Festigkeitsverlust von 70%. An der Oberfläche der Faserstoffe traten charakteristische Risse und Löcher auf, die aber nicht auf die Wirkung des SO_2 zurückgeführt werden konnten.

Bei der Belichtung von Polyamidseide in Xenotestgeräten wurden trotz exakt eingehaltener Klimabedingungen und Verwendung desselben Materials immer wieder starke Abweichungen der Ergebnisse festgestellt. *Winkler* deutete bereits an, daß unterschiedliche Konzentrationen an Industrieabgasen ein nicht kontrollierbarer Faktor sein könnte [2].

Aus Untersuchungen der Luftverhältnisse im Talkessel Schwarza, die von der TU Dresden, Professur für Forstwirtschaft und Forstschutz Tharandt, angestellt wurden [3], ist bekannt, daß bei ungünstigen Luftströmungen, insbesondere bei Inversionen, enorme Konzentrationen an SO_2 und H_2S auftreten. Es wurden bis zu 10 mg H_2S und 14 mg SO_2 pro Nm^3 Luft gemessen. Die Minimalwerte lagen bei 0,05 mg H_2S und 0,08 mg SO_2 pro m^3 Luft (unter Normalbedingungen). Durch die Klimaführung in den Produktionsanlagen für PA-S werden diese Schadgase auch ständig an die PA-S direkt herangeführt (Spinnschacht-Anblasung).

Auch bei den Untersuchungen über den Einfluß des Lichtes auf den Abbau von PA 6 wird durch die Klimaführung des Xenotestgerätes die Konzentration an SO_2 und H_2S ständig verändert. Es ist denkbar, daß dadurch unterschiedliche Abbauergebnisse in den verschiedenen Belichtungszyklen erhalten werden können.

Diese Faktoren veranlaßten uns zu den nachfolgend aufgeführten Untersuchungen.

2. *Versuchsdurchführung*

2.1. *Xenotestbelichtung*

Abweichend von der üblichen Art der Belichtung der PA-S im Xenotestgerät [4] mußte zur Herstellung einer Atmosphäre mit exaktem Schadgasgehalt die Belichtung in geschlossenen Gefäßen vorgenommen werden. Als solche dienten speziell angefertigte, UV-durchlässige Quarzglaszylinder, die mit NS 29 verschließbar waren und in die die auf Rähmchen lose aufgehängte PA-S eingesetzt wurde. Die Xenotesteinstellung war: $T = 40\,°C$, ohne Klima, Filterkombination „Sonnenlicht hinter Fensterglas". Es wurde ohne Klima gefahren, da mit den Quarzglasgefäßen ein abgeschlossenes System vorlag. Eine Temperaturkontrolle mit einem Schwarztafelthermometer ergab keine Temperaturabweichung von der Solltemperatur 40 °C.

2.2. *Begasung der PA-S*

Die zur Belichtung eingesetzten Gefäße aus UV-durchlässigem Quarzglas entsprachen in ihren Abmessungen den sonst verwendeten Probenträgern des Xenotestgerätes ($d = 45$ mm; $h = 120$ mm, $V = 150$ ccm $\pm$ 2 ccm). Zur Einstellung einer bestimmten Konzentration an SO_2, H_2S, CO_2 oder HCl wurden dünnwandige Glaskugeln verwendet, die aus Kapillaren geblasen wurden und an beiden Enden offen waren. Das Volumen der Glaskugeln wurde ermittelt, indem sie im trockenen Zustand bzw. mit Wasser gefüllt bei 20 °C gewogen wurden. Die in der Kugel vorliegende Menge an Gas wurde über die Gasdichte errechnet und die Schadgaskonzentration in mg/l Luft mit Bezug auf das Volumen der Quarzglasgefäße ermittelt.

Die Gase wurden in üblichen Gasentwicklern mit möglichst geringem Totvolumen entwickelt. Die Glaskugeln wurden ausreichend lange (5 min) mit einem kräftigen Gasstrom gespült und sofort in die vorbereiteten Quarzglasgefäße überführt. Nach dem durch Schütteln bewirkten Zertrümmern der Glaskugeln wurden die Quarzglasbehälter sofort zur Belichtung eingesetzt.

Zur Untersuchung des Einflusses der Schadgase in einer Stickstoffatmosphäre wurde wie folgt verfahren: Die Glaskugeln wurden, wie vorher beschrieben, mit Gas gefüllt. Die Enden der Kapillaren wurden in geschmolzenes Paraffin getaucht und somit auf diese Weise das Gas eingeschlossen. Die derart verschlossenen Glaskugeln wurden in die mit Proben beschickten Quarzglasgefäße eingebracht. Zur Erzeugung einer N_2-Atmosphäre in den Quarzglasgefäßen wurden diese in Glasbehälter entsprechender Dimensionen, die mit Ein- und Austrittsöffnungen für das Spülgas versehen waren, eingeschlossen. Die Stopfen zum Verschließen der Quarzglasbehälter wurden so aufgelegt, daß das Spülgas zirkulieren konnte. Es wurde dann 4 h mit einem kräftigen N_2-Strom gespült. Durch Neigen der Spülapparatur wurden die offenen Quarzglasgefäße danach verschlossen. Nachdem durch Schütteln die Glaskugeln zur Freisetzung des Gases zertrümmert worden waren, wurden die Quarzglasgefäße zur Xenotestbelichtung eingesetzt.

Zur Entfernung des Wassers wurden die Spülgefäße mit Zeosorb beschickt und der Spülstickstoff durch konz. H_2SO_4 geleitet. Nach 8 Tagen Lagerung wurden die Quarzglasgefäße geschlossen, das Zeosorb gegen frisches ausgetauscht und nochmals 8 Tage bei wieder geöffneten Quarzglasgefäßen unter N_2 gelagert. Die so vorbereiteten Proben wurden wie üblich weiterbehandelt.

2.3. *Versuchsmaterial*

Das für die Untersuchungen verwendete Material mit der Vers.-Nr. 281 enthielt 50 ppm Mn^{++} als $Mn_2P_2O_7$ im Polyamid oder war völlig ohne Zusatz — Vers.-Nr. 282. Das Polymere war im Autoklaven hergestellt worden und nach Extraktion und Trocknung mittels Rostspinnanlage zu PA-S gesponnen, die dann im Reckprozeß zur Feinheit 6,8 tex 12 gereckt worden war. Geprüft wurde die Reißkraft und die Reißdehnung vor und nach der Behandlung.

3. *Versuchsergebnisse und Diskussion*

3.1. *Vergleich der Belichtungsergebnisse im Xenotestgerät mit und ohne Quarzglasgefäß*

Die Ergebnisse des Vergleichsversuches sind im Bild 1 dargestellt. Es zeigt sich, daß ein wesentlicher Unterschied zwischen der Belichtung im Xenotestgerät unter normalen Bedingungen und in geschlossenen Quarzglasgefäßen bei allen untersuchten Materialien besteht. Sowohl mit Mangan stabilisierte als auch unstabilisierte Glanzseide als auch die als Standardmaterial verwendete mattierte, aber unstabilisierte PA-S werden bei Einschluß in Quarzglasgefäßen stärker abgebaut als bei direkter Belichtung unter Klimabedingungen. Eine gegenseitige Beeinflussung des Abbaues der verschiedenen Materialien ist nicht möglich, da jeweils nur Material einer Versuchsnummer in einen Behälter gegeben wurde. Wahrscheinlich kommt es bei der Bestrahlung von PA 6 in Luft zur Bildung von H_2O_2

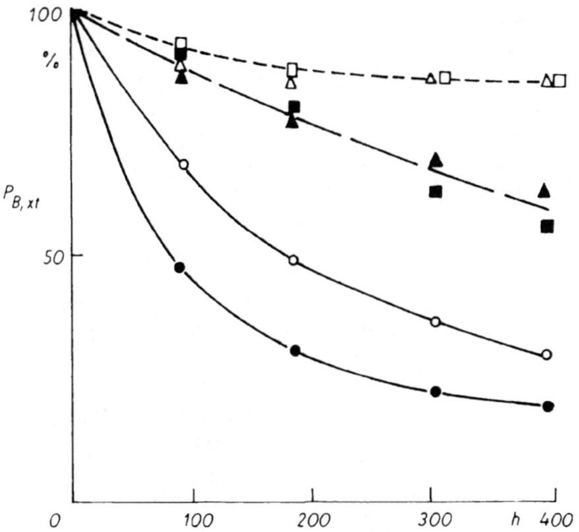

Bild 1. Untersuchungen zur Lichtbeständigkeit von PA 6 — Vergleichsversuch mit und ohne Quarzglasgefäß

Belichtungsbedingungen: Xenotest 150, $t = 0$ bis 400 h, $T = 40\,°C$, rel. Feuchte = 40% Filter: Sonnenlicht hinter Fensterglas

- △ PA-S unmattiert, Mn-stabilisiert, normale Belichtung
- ▲ Belichtung im Quarzglasgefäß
- □ PA-S ohne Zusätze, norm. Belichtung
- ■ Belichtung im Quarzglasgefäß
- ○ PA-S Standard, norm. Belichtung
- ● PA-S Standard, Belichtung im Quarzglasgefäß

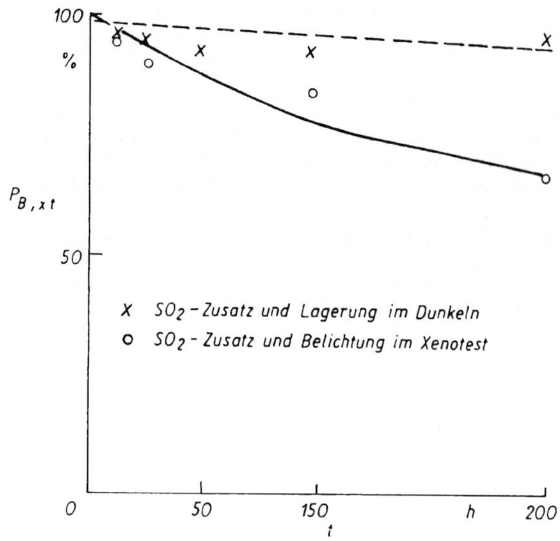

Bild 2. Einfluß von SO_2 auf den Abbau von Polyamid bei Lagerung im Dunkeln und bei Xenotestbelichtung

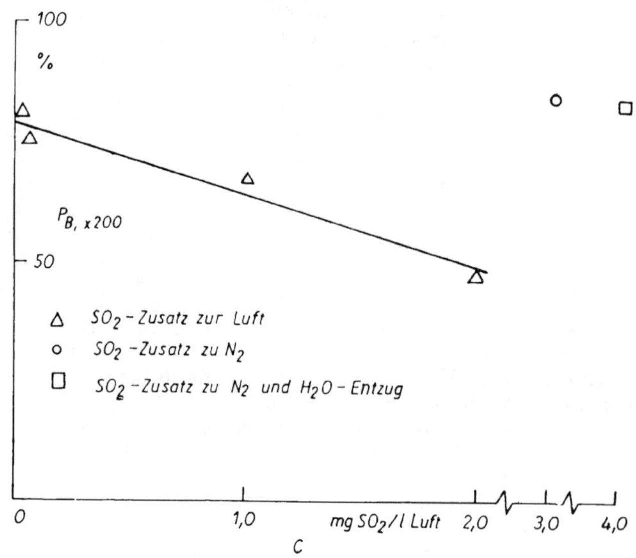

Bild 3. Einfluß der Konzentration an SO_2 auf den Lichtabbau unmattierter PA-S

bzw. Ozon [5]. Im Xenotest werden diese Stoffe durch den Luftwechsel ständig abgeführt und damit weiteren Umsetzungen mit dem PA entzogen. Dies ist in den Quarzglasgefäßen nicht mehr möglich, so daß weitere Umsetzungen mit dem Polymeren folgen können und somit eine Beschleunigung des Abbaus eintritt. Die H_2O_2-Bildung wird in verschiedenen Mechanismen des photooxydativen Abbaus diskutiert [6, 7, 8].

3.2. Einfluß von SO_2 auf den Lichtabbau

Es erwies sich als erforderlich, neben der Belichtung im Xenotest unter SO_2-Zusatz eine Lagerung der PA-S unter SO_2 im Dunkeln vorzunehmen, um den direkten Einfluß des Gases zu überprüfen. Die SO_2-Konzentration lag bei 3 mg/l Luft und damit um den Faktor $2 \cdot 10^2$ höher als die in Schwarza gemessene Maximalkonzentration. Dabei sollte man jedoch berücksichtigen, daß es sich um ein abgeschlossenes System ohne ständige SO_2-Zufuhr handelt. Die im Bild 2 dargestellten Kurven lassen eindeutig die Aussage zu, daß bei Lichtausschluß durch SO_2 kein Abbau von PA 6 nach 200 h Lagerzeit festzustellen ist. Belichtet man aber die PA-S in Gegenwart von SO_2, so tritt ein starker Abbau ein. Die nach 200 h erreichten Werte für P_{Bx200} werden ohne SO_2-Zusatz erst nach 400 h Belichtung erreicht. Das bedeutet, daß durch SO_2 der lichtinduzierte Abbau von PA 6 stark beschleunigt wird.

Analog mit Säuren angestellten Untersuchungen [9] sollte nun der Einfluß der Konzentration untersucht werden. Die Ergebnisse sind im Bild 3 dargestellt. Aus den Kurven kann man eine klare Konzentrationsabhängigkeit des durch SO_2 induzierten Lichtabbaus ableiten. Die Ergebnisse sind in Tabelle 1 zusammengefaßt. Bereits Mengen $< 0{,}1$ mg SO_2/l Luft führen zu merklicher Abbaubeschleunigung.

Zur Klärung, ob es sich um eine photochemische Reaktion mit dem SO_2 allein oder um die Beschleunigung des photooxydativen Abbaus handelt, wurden Untersuchungen mit hoher SO_2-Konzentration unter N_2-Atmosphäre durchgeführt. Weiterhin wurde überprüft, ob die Anwesenheit von Wasser eine wesentliche Rolle spielt.

Aus den Ergebnissen, die im Bild 3 dargestellt sind, kann man ableiten, daß durch SO_2 die Photooxydation des PA 6 beschleunigt wird, da unter N_2-Atmosphäre nur ein geringer Abbau zu beobachten ist.

Ohne Einfluß scheint die Anwesenheit von Wasser zu sein. Es muß dabei berücksichtigt werden, daß durch den beschriebenen Trocknungsprozeß das nach *Sebenda* [10] „fest gebundene Wasser" nicht entfernt werden kann.

3.3. Die Wirkung von H_2S

Im Bild 4 sind die unter Zusatz von H_2S erzielten Abbauergebnisse dargestellt. Es zeigt sich wiederum eine Konzentrationsabhängigkeit der Beschleunigung des photooxydativen Abbaus. Der Einfluß ist sogar stärker als beim SO_2-Zusatz gleicher Konzentration. Dieses erstaunliche Ergebnis wurde jedoch von vornherein mit Skepsis betrachtet, die sich bei nachfolgenden Untersuchungen als sehr begründet erwies.

Tabelle 1. Konzentrationseinfluß von SO_2

Konzentration mg/l	Ausgangsfestigkeit $\overline{P}_0$	Xenotestergebnisse $\overline{P}_{x200}$	P_{Bx200} %	Bemerkungen
0,07	269	204	76	
1,0	269	181	68	
2,0	269	126	47	
4,1[1]	269	215	80	N_2-Atmosphäre
3,2[2]	269	228	85	N_2-Atmosphäre
Luft	269	223	83	

Versuchsbedingungen: Xenotest Pl 393
$t = 200$ h, $T = 40$ °C Raumklima

[1]) Gaszusatz zu N_2
[2]) Gaszusatz zu N_2 und Wasserentzug

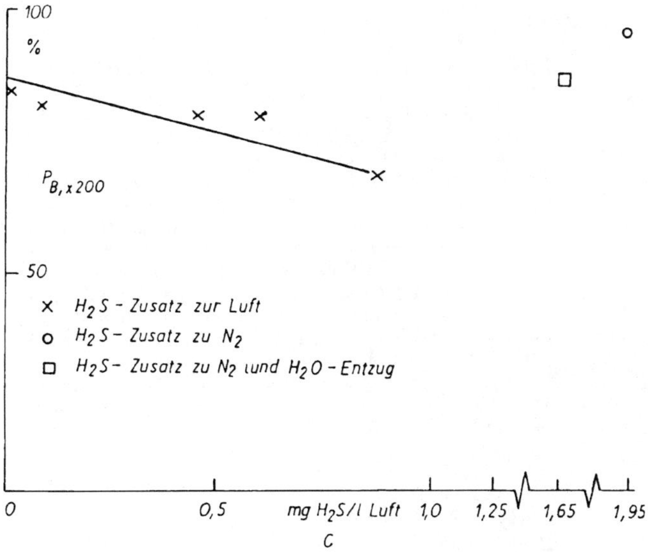

Bild 4. Einfluß der Konzentration an H_2S auf den Lichtabbau unmattierter PA-S

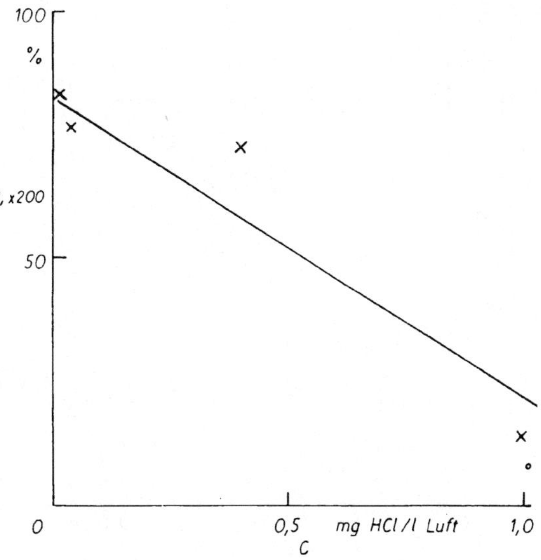

Bild 5. Einfluß der Konzentration an HCl auf den Lichtabbau unmattierter PA-S

3.4. *Die Wirkung von HCl*

Bei der Durchführung von Vorversuchen mit HCl-Gas konnte eine überaus destruktive Wirkung auf Polyamid festgestellt werden. Beim Überleiten geringer Mengen an HCl-Gas über PA-S konnte bereits nach kurzer Zeit ein völliger Zerfall des Materials beobachtet werden. Bei Anwendung von Mengen ≤ 1 mg HCl/l Luft tritt nach 200 h Belichtung im Xenotestgerät eine fast völlige Zerstörung der PA-S ein, wie im Bild 5 zu erkennen ist. Bei höheren Konzentrationen tritt der Zerfall auch unter völligem Lichtausschluß nach kurzer Zeit ein.

Die außerordentlich starke Wirkung von HCl hat wahrscheinlich auch bei unseren Versuchen mit H_2S-Zusätzen zu Luft eine Rolle gespielt. Die H_2S-Entwicklung wurde, wie üblich, mit HCl aus FeS durchgeführt. Es konnte nachgewiesen werden, daß bei dieser Darstellungsmethode für H_2S Spuren an HCl-Gas mitgerissen werden. Dadurch läßt sich der gefundene starke Abbau durch H_2S erklären.

Die Bilder 6 und 7 zeigen das IR-Spektrum von Polyamid 6 vor bzw. nach der Belichtung in Gegenwart von HCl und lassen beträchtliche Veränderungen der Struktur erkennen.

3.5. *Die Wirkung von CO_2*

CO_2 wird in der Literatur und in Patentschriften häufig als Schutzgas für die Polyamidherstellung und Verarbeitung empfohlen. Uns interessierte, ob CO_2 auch bei Einwirkung von UV-Strahlung auf Polyamid als Inertgas angesehen werden kann. Die Ergebnisse sind im Bild 8 dargestellt. Sie zeigen, daß CO_2 den photooxydativen Abbau von PA-S im untersuchten Konzentrationsbereich < 25 mg CO_2/l Luft nicht beeinflußt.

Zusammenfassend kann festgestellt werden, daß von den Industrieschadgasen SO_2 und HCl auf jeden Fall negative Wirkungen auf Polyamid und daraus hergestellte Artikel haben, wenn gleichzeitig Licht auf das Material einwirken kann.

HCl-Gas wirkt bereits im Dunkeln abbauend auf das Polymere, das bei hoher Konzentration an HCl-Gas in der Luft völlig zerstört wird. SO_2 schädigt bei Lichtausschluß im untersuchten Konzentrationsbereich das PA nicht. CO_2 ist ohne Wirkung auf den photooxydativen Abbau. Da die Wirkung von SO_2 und HCl konzentrationsabhängig ist, kann in Gegenden mit dauernder oder zeitweise starker Emission, wie z. B. Industriezentren, Großstädten und in der Nähe von

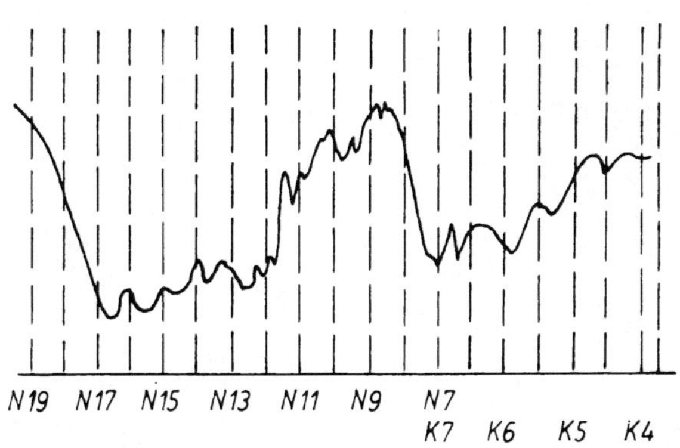

Bild 6. UR-Spektrum unmattierter PA-S vor der Behandlung

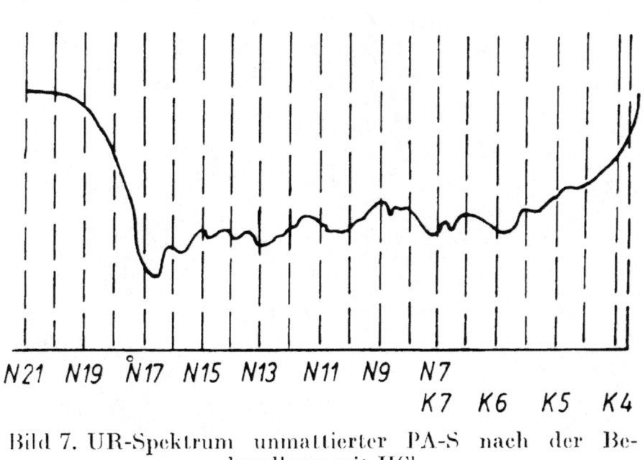

Bild 7. UR-Spektrum unmattierter PA-S nach der Behandlung mit HCl

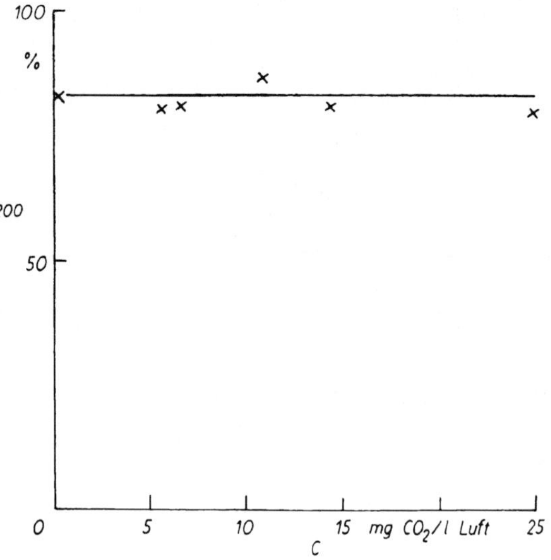

Bild 8. Einfluß der Konzentration an CO_2 auf den Lichtabbau unmattierter PA-S

Müllverbrennungsanlagen, eine erhöhte Schädigung und damit ein frühzeitiger Verschleiß bei Textilien aus Polyamidseide und anderen Gebrauchsartikeln aus Polyamiden eintreten. Polyamidtextilien sollten keinesfalls der direkten Sonneneinstrahlung ausgesetzt werden, wenn die gleichzeitige Einwirkung von Schadgasen angenommen werden muß.

Literatur

[1] *Zeronian, S. H.:* The effect of light and air contamianted with sulfur dioxide on the surface of nylon 66 fibers. Textile Res. J. **41** (1971) 2, S. 184–185.

[2] *Winkler, F.*, und *Schmidt, F.:* Zusammenhänge zwischen natürlicher und künstlicher Belichtung von Syntheseseiden Dt. Textiltechnik **20** (1970) 12, S. 786 bis 791.

[3] Gutachten über die SO_2-Beaufschlagung der Luft im Immissionsgebiet Schwarza der Professur für Forstwirtschaft und Forstschutz Tharandt 1964.

[4] *Holy, G.*, und *Glöckner, G.:* Über den Einfluß von Zusätzen auf die Licht- und Wärmebeständigkeit von Polyamid-6-Seiden. Faserforsch. u. Textiltechnik **24** (1973) 12, S. 489–494.

[5] *Egerton, G. S.:* The mechanism of the photochemical degradation of textile materials. J. Soc. Dyers Colourists **65** (1949) S. 764–769.

[6] *Loch, M. V.*, und *Sagar, B. F.:* N-acyl-amides as autoxidation products of N-alkyl-amides. Proc. chem. Soc., London (1960) S. 358.

[7] *Sagar, B. F.:* Autoxidation of N-alkyl-amides. J. chem. Soc., London (1967) S. 428–438.

[8] *Rieche, A.:* Synthese von Peroxyden über Carbenium-Ionen. Angew. Chemie **73** (1961) S. 57–59.

[9] *Holy, G.*, und *Glöckner, G.:* Über den Einfluß von Waschbehandlungen auf die Licht- und Wärmebeständigkeit von PA-6-Seiden. Faserforsch. u. Textiltechnik/Z. Polymerforsch. **25** (1974) 3, S. 115–120.

[10] *Puffr, R.*, und *Sebenda, J.:* Structure and properties of polyamides — The mechanism of water sorption in PA. J. Polymer Sci., Part C **16** (1967) 1 S. 79–93.

Eingegangen am 16. Januar 1974

Faserforschung und Textiltechnik 25 (1974) Heft 4
Zeitschrift für Polymerforschung

Theoretische Betrachtungen zur bekleidungshygienischen Bedeutung der Hygroskopizität von Faserstoffen

Jürgen Haase

Forschungsinstitut für Textiltechnologie in Karl-Marx-Stadt

DK 677.1/.5:687:677.017.323:677.017.87:677.017.881

In der Arbeit wird mittels eines physikalischen Modells zur Berechnung des Mikroklimas der Versuch unternommen, den Einfluß der unterschiedlichen Hygroskopizität von Synthese- und Naturfaserstoffen auf den Tragekomfort einer Bekleidung quantitativ abzuschätzen. Es zeigt sich, daß eine hautnah getragene Polyamidbekleidung im Vergleich zu Baumwolle bei plötzlich erhöhter Feuchteabgabe des Körpers und zu geringer Wasserdampfdurchlässigkeit der Bekleidung etwa doppelt so schnell zu unangenehmen, feuchtschwülen Trageempfindungen führt.

Теоретическое обсуждение значения гигроскопичности волокон с точки зрения гигиены одежды

При помощи физической модели для определения микроклиматических условий предпринята попытка количественной оценки влияния различной гигроскопичности синтетических и натуральных волокон на удобство одежды при носке. Установлено, что полиамидная одежда, носимая прямо на теле, по сравнению с хлопчатобумажной вызывает при внезапном повышении выделения жидкости телом и при чересчур низкой проницаемости одежды для водных паров приблизительно в два раза быстрее неприятные душно-влажные ощущения при носке.

Theoretical Considerations on the Effect of Hygroscopicity of Fibers on the Hygienic Properties of Garments

Based on a physical model for the calculation of the microclimate an attempt has been made to estimate quantitatively the effect of differences in hygroscopicity of synthetic and natural fibres on the wearing comfort of garments. By suddenly increased moisture evaporation from the skin and low water permeation through the garment, polyamide germents worn close to the skin cause uncomfortable moisty and sultry feeling with twice the speed as cotton garments.

1. *Problemstellung*

Das Trageverhalten von vergleichbaren Bekleidungserzeugnissen aus synthetischen oder natürlichen Faserstoffen wird für erstere häufig ungünstiger beurteilt. Der Träger verspürt bei körperlicher Aktivität oder in warmer Umgebung eine höhere Neigung zu Schwüleempfindungen bzw. zum Transpirieren. Der ins Auge fallende Unterschied der Synthese- und Naturfaserstoffe ist deren unterschiedliche Hygroskopizität, d. h. die Eigenschaft der sorptiven Feuchteaufnahme in Abhängigkeit vom Feuchteanteil der Umgebungsluft.

Die umfangreichen bekleidungshygienischen Forschungen der jüngsten Zeit (z. B. [1 bis 4]) haben zahlreiche interessante und klärende Ergebnisse geliefert. Der Einfluß der Hygroskopizität ist jedoch nach wie vor Gegenstand von Diskussionen. Quantitative Aussagen sind in der Literatur kaum zu finden [5, 6]. Tatsächlich stößt die experimentelle Untersuchung sowohl im rein apparativen als auch im Trageversuch auf Schwierigkeiten. Eine systematische Variation des Parameters Hygroskopizität bei gleichzeitiger Konstanthaltung all der anderen hygienisch wirksamen Faktoren (ca. 20) einer Bekleidung ist nur unvollkommen realisierbar.

Im wesentlichen sind physikalisch zwei Effekte denkbar, über die eine höhere Hygroskopizität positiv das Trageverhalten beeinflussen könnte: erstens eine erhöhte Wasserdampfdiffusion durch die Bekleidungsschichten und zweitens eine Dämpfung von Änderungen des Mikroklimas in der hautnahen Luftschicht bei instationären Verhältnissen der Arbeits- und Umgebungsbedingungen.

Seit den Messungen von *L. Fourt* u. Mitarb. [7] und zahlreichen Bestätigungen wird allgemein akzeptiert, daß der dampfförmige Wassertransport durch ein textiles Flächengebilde im wesentlichen von der geometrischen Gestaltung (Dicke, Porenvolumen) abhängt. Die hygroskopischen Eigenschaften des eingesetzten Faserstoffes zeigen — außer bei extrem dichten Proben — wenig Einfluß. Die Diffusionskoeffizienten für Wasserdampf in der reinen Fasersubstanz sind für native Faserstoffe wohl etwas höher als für synthetische, insgesamt liegen die Zahlenwerte aber um 2 bis 3 Größenordnungen unter denen für ruhende Luft als dem „Hauptbestandteil" unserer Textilien. Somit verbleibt der zweite oben genannte Effekt. In der vorliegenden Arbeit wird der Versuch unternommen, anhand eines Modells den Einfluß der Hygroskopizität auf diesen Effekt abzuschätzen.

2. *Modell des Mikroklimas und Bilanz der Feuchteströme*

Betrachtet wird ein Volumenelement ΔV, das in Normalenrichtung zur Körperoberfläche aus den Schichten Hautoberfläche — hautnahe Luftschicht — Bekleidung — Luftgrenzschicht besteht (Bild 1).

Dabei bedeuten:

$m_H(t)$ Feuchteanteil im hautnahen Raum in g/m³ in Abhängigkeit von der Zeit;

m_{H_0} dsgl. zum Zeitpunkt $t = 0$;

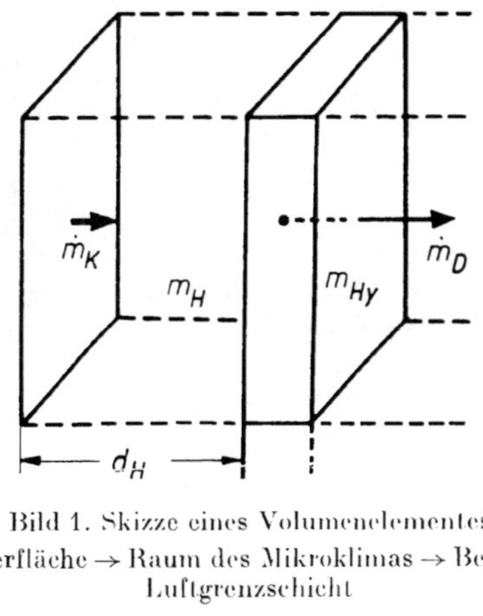

Bild 1. Skizze eines Volumenelementes
Körperoberfläche → Raum des Mikroklimas → Bekleidung → Luftgrenzschicht

$\dot{m}_K$ Feuchteabgabe des Körpers in g/m² · h;
$\dot{m}_D$ Wasserdampfdurchlässigkeit des Bekleidungsmaterials in g/m² · h;
$m_{Hy}(t)$ sorptiver Feuchteanteil des Materials in g_{H_2O}/m² in Abhängigkeit von der Zeit;
d_H Dicke der hautnahen Luftschicht in m.

Bei Vernachlässigung von Randverlusten (keine Konvektion) ergibt eine Bilanzierung der Feuchteströme im hautnahen Bereich:

$$\dot{m}_K = d_H \cdot \frac{dm_H}{dt} + \frac{dm_{Hy}}{dt} + \dot{m}_D. \quad (1)$$

3. *Berechnung des Feuchteanteiles des Mikroklimas*

Diese Gleichung (1) ist der Ausgangspunkt zur Berechnung der Funktion $m_H(t)$, die ein wichtiges Kriterium zur Einschätzung der körperlichen Behaglichkeit beim Tragen einer Bekleidung bildet. Gemäß physiologischen Angaben können die physikalischen Werte eines behaglichen Mikroklimas etwa folgendermaßen angesetzt werden:

mittlere Hauttemperatur 33 °C,
rel. Luftfeuchte an der Hautoberfläche ca. 40%.

Die Größen m_{Hy} und $\dot{m}_D$ können als Funktion von m_H dargestellt werden.

Der Zusammenhang von m_{Hy} und m_H ist über die Sorptionsisotherme gegeben. Bei in erster Näherung linear angenommener Sorptionskurve gilt

$$m_{Hy} = \omega \cdot \varphi \cdot m_F = \omega \cdot \frac{m_H(t)}{m_{H\text{sätt}}} \cdot m_F. \quad (2)$$

Dabei bedeuten

φ rel. Luftfeuchte in %,
$\omega = \frac{\Delta m_{Hy}}{\Delta \varphi}$ Anstieg der Sorptionsgeraden,
m_F Trockenflächenmasse in g/m²,
$m_{H\text{sätt}}$ Sättigungsfeuchte der Luft in g/m³ bei Hauttemperatur.

Die Wasserdampfdurchlässigkeit ist proportional der Dampfdruckdifferenz:

$$\dot{m}_D = \frac{(P_H - P_L)}{E_R} = \frac{\left(\frac{m_H}{m_{H\text{sätt}}} \cdot P_{H\text{sätt}} - P_L\right)}{E_R}, \quad (3)$$

wobei

P_H = Dampfdruck im Mikroklima in Torr,
P_L = Dampfdruck der Umgebung in Torr,
$P_{H\text{sätt}}$ = Sättigungsdampfdruck im Mikroklima in Torr,
E_R = Dampfdiffusionswiderstand (evaporative resistance [8]) der Bekleidung plus Luftgrenzschicht in m²h Torr/g

bedeuten.

Nach Einsetzen der Beziehungen (2) und (3) in die Gleichung (1) und Umstellung ergibt sich für die gesuchte Funktion $m_H(t)$ folgende Differentialgleichung

$$\frac{dm_H(t)}{dt} + \frac{P_{H\text{sätt}}}{m_{H\text{sätt}} \cdot E_R\left(d_H + \frac{m_F \cdot \omega}{m_{H\text{sätt}}}\right)} \cdot m_H(t) - \frac{\left(\dot{m}_K + \frac{P_L}{E_R}\right)}{\left(d_H + \frac{m_F \cdot \omega}{m_{H\text{sätt}}}\right)} = 0. \quad (4)$$

Diese lineare Differentialgleichung erster Ordnung besitzt folgende Lösung, wobei die Integrationskonstante (aus der Anfangsbedingung $m_H = m_{H0}$ für $t = 0$) und die Zahlenwerte $m_{H\text{sätt}} = 33$ g/m³ und $P_{H\text{sätt}}/m_{H\text{sätt}} = 1{,}1$ Torr · m³/g bereits eingesetzt sind:

$$m_H(t) = \left[m_{H0} - \frac{(\dot{m}_K \cdot E_R + P_L)}{1{,}1}\right] e^{-\frac{1{,}1 \cdot t}{E_R\left(d_H + \frac{\omega \cdot m_F}{33}\right)}} + \frac{(\dot{m}_K \cdot E_R + P_L)}{1{,}1}. \quad (5)$$

4. *Numerische Auswertungsbeispiele*

Die Gleichung (5) gestattet unter der Annahme genügend hoher Sorptionsgeschwindigkeit und unter Vernachlässigung der komplizierten Kopplung von Feuchte- und Temperaturänderungen bei Umgebungsänderungen in hygroskopischen Stoffen (9) eine Abschätzung des Feuchteanteiles im Mikroklima.

Der Einfluß der Hygroskopizität (Parameter ω) kann also nur im Zusammenhang mit den anderen Einflußfaktoren $\dot{m}_K$, E_R, P_L, d_H, m_F betrachtet werden.

Für zwei Grenzfälle der Gleichung (5), die aber in der Praxis häufig vorliegen, verschwindet der Einfluß von ω völlig:

1. für $t = \infty$ (stationärer Zustand des Systems) ist $m_H \equiv (\dot{m}_K \cdot E_R + P_L)/1{,}1$, d. h. der Feuchteanteil des Mikroklimas wird allein bestimmt von der Feuchteabgabe des Körpers, der Wasserdampfdurchlässigkeit der Bekleidung und der Umgebungsfeuchte;
2. für $E_R = (1{,}1 \cdot m_{H0} - P_L)/\dot{m}_K$ (6) ist $m_H \equiv m_{H0}$, d. h. bei in Abähngigkeit von $\dot{m}_K$ und P_L ausreichender Wasserdampfdurchlässigkeit (= niedriger Wasserdampfdiffusionswiderstand) bleibt der Feuchteanteil des Mikroklimas konstant.

Der Einfluß von ω dokumentiert sich als Zeitkonstante der Änderungen von $m_H(t)$ bei Bedingungen, die innerhalb der genannten Grenzfälle liegen.

Die Zeitkonstante beträgt

$$\theta = \frac{1}{1{,}1} \cdot E_R\left(d_H + \frac{m_F}{33} \cdot \omega\right). \quad (7)$$

Der Einfluß von ω ist um so größer, je weniger wasserdampfdurchlässig eine Bekleidung ist, was die

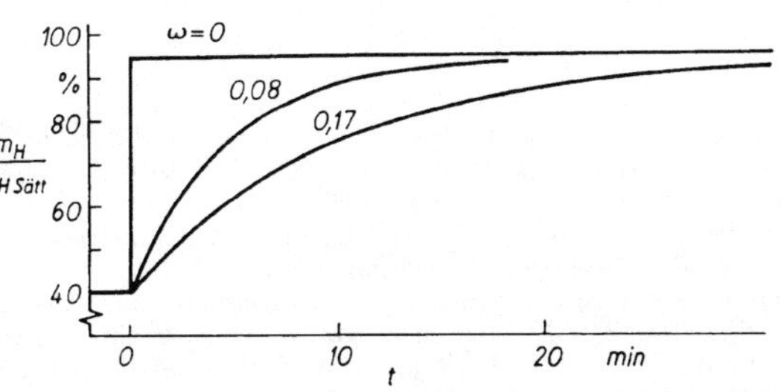

Bild 2. Verlauf des Feuchteanteiles des Mikroklimas bei Übergang zu erhöhter körperlicher Aktivität für hautnahe Bekleidung unterschiedlicher Hygroskopizität (siehe Text)

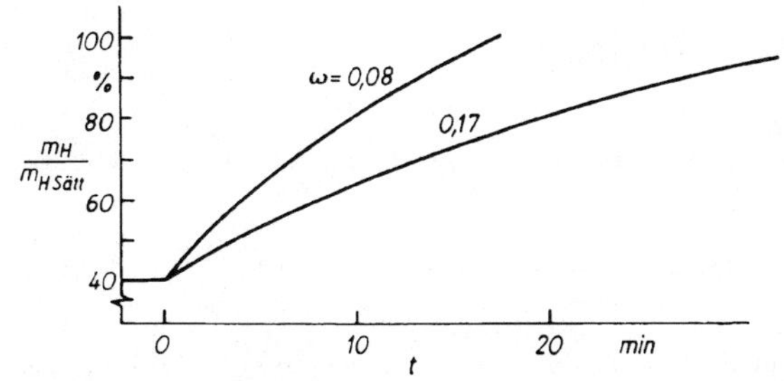

Bild 3. Verlauf des Feuchteanteiles des Mikroklimas bei Übergang zu verminderter Wasserdampfdurchlässigkeit der Bekleidung (siehe Text)

erste Ableitung von Gleichung (7) aussagt:

$$\frac{d\theta}{d\omega} \sim E_R \cdot m_F. \tag{8}$$

Aus der Gleichung (7) ist weiterhin zu folgern, daß θ proportional zu d_H verläuft, d. h., ein optimales Mikroklima ist um so besser zu bewahren, je weniger eine Unterbekleidung direkt an der Haut aufliegt.

Die Gleichung (5) sei für zwei praktische Beispiele explizit ausgewertet, um den Einfluß der Hygroskopizität zu demonstrieren. Gegenübergestellt werden zwei Bekleidungen, die einmal im hautnahen Bereich aus PA-Faserstoff ($\omega \approx 0{,}08$) und zum zweiten aus Baumwolle ($\omega \approx 0{,}17$) bestehen. Die übrigen Parameter seien gleich $\dot{m}_F = 100$ g/m², $d_H = 0{,}005$ m, $P_L = 8$ Torr (entsprechend 15 °C/60% r.F.), Ruhefeuchteabgabe des Körpers $m_K = 20$ g/m²h, Feuchteanteil des Mikroklimas bei Behaglichkeit $m_{H_0} \approx 13$ g/m³.

1. Beispiel:

Der Wasserdampfdiffusionswiderstand der Bekleidung entspreche für die Anfangsbedingungen dem Optimum. Gemäß Gleichung (6) ergibt sich $E_R = 0{,}22$ m²h Torr/g. Zum Zeitpunkt $t = 0$ gehe die Versuchsperson vom Ruhezustand zu einer körperlichen Tätigkeit mittlerer Schwere (Steigerung von $\dot{m}_K = 20$ g/m²h auf $\dot{m}_K = 80$ g/m²h) über.

Im Bild 2 ist graphisch dargestellt, wie der Feuchteanteil im Mikroklima ansteigt. Geht man davon aus, daß Feuchteanteile größer 85 bis 90% als unbehaglich empfunden werden, ist zu entnehmen, daß dieser Zustand bei Polyamid nach ca. 10 min, bei Baumwolle nach ca. 20 min erreicht wird.

2. Beispiel:

Die Bekleidung besitze im Ausgangszustand einen Wasserdampfdiffusionswiderstand gemäß einer Feuchteabgabe von $\dot{m}_K = 40$ g/m²h. Zum Zeitpunkt $t = 0$ wird eine schlecht wasserdampfdurchlässige Bekleidungsschicht ($E_R = 0{,}80$ m²h Torr/g, entsprechend einem fünffachen Wert des Optimums) hinzugefügt.

Der dadurch resultierende Anstieg des Feuchteanteils des Mikroklimas ist im Bild 3 dargestellt. In der Relation der beiden Faserstoffe ergeben sich noch etwas größere Unterschiede als im ersten Beispiel.

5. *Zusammenfassung*

Unter vereinfachenden Annahmen wird eine mathematische Beziehung zur Berechnung des Feuchteanteiles des Mikroklimas im hautnahen Bereich abgeleitet. Aus den physikalischen Zustandsgrößen des Mikroklimas kann auf den Tragekomfort einer Bekleidung geschlossen werden. In die Beziehung gehen die Größen Feuchteabgabe des Körpers, hautnahe Luftschichtdicke, Wasserdampfdurchlässigkeit und Trockenflächenmasse des Materials, Feuchteanteil der Umgebungsluft und die Hygroskopizität der eingesetzten Faserstoffe ein. Letzterer Einfluß wird gesondert diskutiert. Es zeigt sich, daß eine hautnah getragene Polyamidbekleidung im Vergleich zu Baumwolle bei plötzlich erhöhter Feuchteabgabe des Körpers oder bei zu geringer Wasserdampfdurchlässigkeit des Materials etwa doppelt so schnell zu unangenehmen, feuchtschwülen Trageempfindungen führt. Polyacrylnitril- und Polyester-Erzeugnisse ($\omega \approx 0{,}01$ bis $0{,}02$) zeigen noch wesentlich ungünstigeres Verhalten.

Literatur

[1] Vorträge der IX. Internationalen Chemiefasertagung Dornbirn, Juni 1970.

[2] Vorträge des 3. Internationalen Shirley-Sminares Manchester, Juni 1971. Ref.: Z. ges. Textil-Ind. **73** (1971) 10, S. 671.

[3] *Mecheels, J.:* Die Messung der funktionellen Wirkung der Kleidung auf den Menschen. Melliand Textilberichte internat. **52** (1971) 7 S. 843–849; 8 S. 967–974; 10 S. 1215–1221.

[4] *Afanas'ewa,* und *Kolesnikov, P. A.:* Projektierung von Bekleidung für verschiedene Arbeits- u. Klimabedingungen. Leningrad: Verlag für wiss.-techn. Propaganda 1970.

[5] *Kolesnikov, P. A.,* und *Medvedeva, L. L.:* Zum Einfluß der Faserart auf den Feuchtetransport durch Bekleidungstextilien. Wiss. Forschungsarbeiten des Bekleidungsinstitutes Moskau, Band 16 (1970).

[6] *Hammer, K.:* Über die bekleidungshygienische Bedeutung der Oberflächenbenetzbarkeit von synthetischen Fasern. Dissertation Universität Stuttgart 1968.

[7] *Fourt, L., Cray, R. A.,* und *Rutherford, M. B.:* Cotton fibers as means of transmitting water vapor. Textile Res. J. **27** (1957) 5, S. 362–368.

[8] *Whelan, M. E., MacHattie, L. E., Goodings. A. C.,* und *Turl, L. H.:* The diffusion of water vapor through laminal with particular referende to textile fabrics, Part. I. Textile Res. J. **25** (1955) 3, S. 197–205.

[9] *McMahon, G. B.,* und *Downes, J. G.:* Propagation of temperature and moisture changes during forced convective flow of air through a mass of hygroscopic fibres. Int. Heat Mass Transfer **5** (1962) S. 689.

Eingegangen am 7. Dezember 1973

Neue Bücher

Advanced Techniques in Biological Electron Microscopy. Hgg. von *James K. Koehler.* Berlin/Heidelberg/New York: Springer 1973. XII, 304 S. Lwd DM 40,—.

Als unentbehrliche Methode zur Untersuchung der übermolekularen Struktur und der Morphologie wird die Elektronenmikroskopie heute in fast allen naturwissenschaftlichen Arbeitsgebieten eingesetzt. Besonders in den letzten zehn Jahren wurden dabei neue elektronenmikroskopische und präparatorische Techniken entwickelt. Das vorliegende Buch stellt sie aus der Sicht biologischer Fragestellungen zusammenfassend dar. Mit sieben ausgewählten, von namhaften Autoren verfaßten und in sich abgeschlossenen Artikeln über

Einbettungsmittel — alt und neu
(*J. H. Luft*; 34 S., 4 Abb., 4 Tab. 83 Lit.)
Substitutionstechnik
(*D. C. Pease*; 32 S., 8 Abb., 56 Lit.)
Gefrierätzung und Gefrierbruch
(*S. Bullivant*; 46 S., 14 Abb., 107 Lit.)
Elektronenmikroskopische Autoradiographie
M. M. Salpeter und *F. A. McHenry*; 40 S., 26 Abb., 39 Lit.)
Scanningelektronenmikroskopische Techniken in der Biologie
(*T. L. Hayes*; 62 S., 10 Abb., 161 Lit.)
Bildauswertung durch Computer
(*J. Frank*; 60 S., 19 Abb., 122 Lit.)
Hochvoltelektronenmikroskopie
(*K. Hama*; 24 S., 16 Abb., 25 Lit.)

wendet sich das Buch vorwiegend an den mit ultrastrukturellen Arbeiten befaßten Wissenschaftler. Es ist somit keine Einführung in die Elektronenmikroskopie. Das Buch erlaubt aber demjenigen, der sich über die Möglichkeiten der Elektronenmikroskopie für seine spezielle Fragestellung in Biologie und Medizin informieren möchte, eine gute Orientierung.

Die einzelnen Artikel sind klar gegliedert, erfassen das Wesentliche in knapper Form und besitzen jeweils ein ausführliches, den neuesten Stand berücksichtigendes Literaturverzeichnis. Im Vordergrund steht die analytische Methodologie und die Interpretation, so daß jeder Interessierte wertvolle Hinweise zur Anwendung der Methoden sowie zu ihren Fehlermöglichkeiten und Grenzen entnehmen kann. Das trifft besonders für die Kapitel zu, die sich mit der Präparation beschäftigen. Kritisch zu bemerken ist, daß bei den sonst recht ausführlich behandelten Kryomethoden die Kryoultramikrotomie, um die sich gerade Biologen und Mediziner stark bemühen, praktisch unerwähnt bleibt. Bildauswertung, elektronenmikroskopische Autoradiographie und Hochvoltelektronenmikroskopie sind Arbeitsgebiete, die nicht nur für biologische Anwendungen noch im Fluß sind. In den entsprechenden Kapiteln werden deshalb zwar neueste Fakten vermittelt, die Interpretation tritt jedoch oft etwas in den Hintergrund.

Insgesamt ist das Buch mit seiner speziellen Thematik als wertvolle Ergänzung der vorhandenen Übersichtsliteratur positiv einzuschätzen und allen denjenigen zu empfehlen, die sich in Biologie, Medizin, aber auch in der Polymerforschung — hier besonders bei Gelbildung und Quellung — mit Strukturproblemen befassen. Hervorzuheben ist die gute Aufmachung des Buches und die ausgezeichnete Druckqualität der mit ausführlichen Legenden versehenen Abbildungen.

H. J. Gensrich

Wörterbuch der Chemie und der chemischen Verfahrenstechnik. Von *Louis de Vries* und *Helga Kolb* unter Mitarb. von *Joachim Thuss.* Bd. 1: Deutsch/Englisch, Bd. 2: English/German. Weinheim/Bergstr.: Verl. Chemie; New York/London: Academic Press. XII, 708 S. und XII, 644 S. Lwd. DM 240,—.

Mit seinem vergleichsweise umfangreichen Wortschatz geht dieses Wörterbuch erheblich über das engere Gebiet der Chemie und chemischen Verfahrenstechnik hinaus und wird damit dem Umstand gerecht, daß für den Benutzer bei aller Spezialisierung eine strikte Begrenzung auf diese Fachgebiete heute kaum noch möglich ist.

So findet man nicht nur das Vokabular der anorganischen, organischen, physikalischen, pharmazeutischen und Elektrochemie, sondern es sind auch gängige Fachwörter der Physik, Biologie, Medizin und Mathematik berücksichtigt, während bei der Bearbeitung des Wortschatzes der Verfahrenstechnik die Metall-, Erdöl-, Gummi- und Textilindustrie besondere Berücksichtigung fanden. Besondere Erwähnung verdient die Aufnahme z. T. erst in den letzten Jahren bekannt gewordener Termini aus der Molekularbiologie, Biophysik, Biochemie, Atomphysik, Stereochemie, Reaktortechnik und Elektronik.

Damit gewinnt das Wörterbuch nahezu den Rang eines modernen polytechnischen Wörterbuches, wie z. B. die 68 Wortverbindungen zu „control" oder 58 Wortverbindungen zu „contact" zeigen. Aber nicht nur im Hinblick auf den Umfang, sondern auch bezüglich der Genauigkeit der Übersetzung erwies sich das Wörterbuch als zuverlässiges und aussagekräftiges Hilfsmittel in der täglichen Literaturauswertung, insbesondere bei Wörtern, von denen bekannt ist, daß sie lange Zeit durch ältere Wörterbücher als mehrdeutig oder sogar falsch hindurchgeschleppt wurden.

Allgemein wurde der amerikanischen Schreibweise der Vorrang gegeben, jedoch wird auf Abweichungen und terminologische Unterschiede zum britischen Englisch hingewiesen. Im Hinblick auf die Wandlung der Terminologie sind veraltete Ausdrücke als solche gekennzeichnet. Im Anhang findet man eine zweisprachige Tabelle der chemischen Elemente sowie Umrechnungstabellen für Maße, Gewichte und Temperaturwerte.

Für Wissenschaftler, insbesondere Chemiker, Ingenieure und Fachübersetzer kann das Wörterbuch als erstrangiges sprachliches Hilfsmittel empfohlen werden.

H. Schreiber

Prüfen von Textilien. Von *W. Döcke.* Bd. I: Chemisch-analytische Prüfverfahren. 2. verb. Auflage. Leipzig: Fachbuchverlag 1972. 403 S. Lwd. M 18,—.

Dieses Buch wurde in erster Linie als Lehrbuch für die Ausbildung von Textilingenieuren geschrieben. Im ersten Teil werden in den Abschnitten

Einige „Prinzipien der qualitativen und quantitativen analytischen Chemie",
„Qualitative Analyse textilchemisch wichtiger Verbindungen",
„Grundlagen quantitativer Bestimmungsmethoden und deren Anwendungsmöglichkeiten im Textillabor"

die wichtigsten theoretischen und apparatetechnischen Grundlagen der analytischen Chemie im Hinblick auf textilchemisch interessante Probleme behandelt. Einen breiten Raum nehmen dabei physikalische und physikalisch-chemische Analysenmethoden ein. So werden Polarographie, DK-Metrie und Kolorimetrie in angemessenem Umfang beschrieben. Als bedauerlich wird empfunden, daß die UR-Spektroskopie, die seit über 20 Jahren auch von der Textilchemie als wertvolle Analysenmethode verwendet wird, keine Berücksichtigung findet.

In einem zweiten ca. $^1/_4$ des Gesamtumfangs ausmachenden Teil des Buches werden spezielle Arbeitsvorschriften zur quantitativen Bestimmung bzw. Charakterisierung textilchemisch wichtiger Substanzen aufgeführt, u. a. für die Bestimmung anorganischer Ionen, von Wasser, Fetten und Ölen, Appreturmitteln. Außerdem werden die quantitative Fasertrennung und Charakterisierungsmethoden für synthetische Faserstoffe behandelt.

Ein Anhang, der eine Reihe textilchemisch interessanter Konstanten enthält, sowie ein Literatur- und Sachwortverzeichnis beschließen das Buch, dessen zweiter Teil eine wichtige Quelle von Analysenvorschriften für den in der Textilindustrie arbeitenden Praktiker darstellt.

H.-J. Jacobasch

The Particle Atlas. Ed. two. Vol. III: The Electron Microscopy Atlas. Von *Walter C. McCrone* und *John Gustav Delly.* 1973: Ann Arbor Science Publ., Inc. 220 S. (S. 575–794). Lwd. £: 31,25.

Der vorliegende 3. Band des „Particle Atlas" von *McCrone* und *Delly* ist der elektronenmikroskopischen Untersuchungsmethodik gewidmet. Er enthält neben einer kurzen methodischen Einführung Bildtafeln, die für die Identifizierung und Charakterisierung der Mikroteilchen einen Beitrag liefern können.

Eine besondere Rolle bei Mikropartikeluntersuchungen spielt die Rasterelektronenmikroskopie. Durch ihre Anwendung können nicht nur Form und Größe der Einzelteilchen schnell und einfach bestimmt werden, sondern mit Hilfe von EDXRA-Zusatzgeräten (EDXRA — energiedisperse Röntgenstrahlanalyse) ist die chemische Analyse der einzelnen Mikroteilchen problemlos möglich. Damit ist die Aussagekraft dieser physikalischen Meßmethode wesentlich höher als die anderer Untersuchungsverfahren (z. B. der Lichtmikroskopie). Tabellen zur Auswertung von EDXRA-Diagrammen mit den notwendigen Erläuterungen sind in der kurzen Einführung dieses Buches zu finden. Die Transmissionselektronenmikroskopie spielt für derartige Untersuchungen eine untergeordnete Rolle, obwohl sie, gekoppelt mit der Feinbereichselektronenbeugung, gute Meßergebnisse liefert. Die aufwendigere Präparationstechnik sowie besonders die begrenzte Durchstrahlbarkeit der Proben erschweren aber einen universellen und rationellen Einsatz. Daher wird in diesem Band nur an einigen Beispielen diese Meßmethode zur Partikelcharakterisierung und -identifizierung erläutert.

Das Bildarchiv enthält nur rastermikroskopische Aufnahmen verschiedener Vergrößerungen (mit 1,10 und 100 µm als Maßstab) und EDXRA-Diagramme von Proben aus allen Bereichen der Umwelt.

Neben elektronenmikroskopischen Abbildungen von biologischem Material, wie z. B. Sporen, Epithelzellen und Blutpartikeln, wird Bildmaterial von anorganischen Produkten, wie z. B. Pigmenten, Zementen und Verbrennungsprodukten, gezeigt.

Rastermikroskopischen Aufnahmen von Fasern sowohl aus natürlichen als auch aus synthetischen makromolekularen Verbindungen, von Abriebmaterial der unterschiedlichsten Polymerfestkörper und von Gummiproben mit verschiedenen Füllstoffen, sind getrennte Bildteile gewidmet.

Insgesamt umfaßt das Bildarchiv elektronenoptische Aufnahmen und EDXRA-Diagramme von 609 Proben mit unterschiedlichem Informationsgehalt über das untersuchte Material. So ist z. B. die Aussagekraft von rastermikroskopischen Abbildungen biologischer Präparate sehr gut, dagegen die der Polymerfestkörperproben äußerst gering.

Für reine Forschungsinstitutionen, in denen spezielle Fragen der einzelnen Materialien untersucht werden, kann dieser Band wenig zur Forschungsarbeit beitragen, dagegen ist das Bildarchiv für Institutionen, in denen z. B. viele unterschiedliche Proben eingeordnet werden müssen, wertvoll.

E. Schulz

Theory and Interpretation of Magnetic Resonance Spectra. Von *W. T. Dixon.* London/New York: Plenum Press 1972, VIII, 164 S. Lwd. $ 16,50.

Dieses Buch soll einen Überblick geben über die Vielfalt der Informationsmöglichkeiten, die die Spektren magnetischer Resonanzen liefern. Bei der Kürze des Buches kann dieser Überblick bei weitem nicht vollständig sein, und vieles kann nur in groben Zügen abgehandelt werden. Kern- und Elektronenresonanz werden gemeinsam behandelt, indem für die einander entsprechenden Größen zunächst die jeweils gemeinsamen theoretischen Grundlagen abgeleitet werden. Erst bei der Untersuchung des Einflusses dieser Größen auf die jeweiligen Spektren erfolgt eine getrennte Diskussion der Kern- bzw. Elektronenresonanz.

Die ersten drei Kapitel des Buches enthalten die wichtigsten Grundlagen der magnetischen Resonanz. Im ersten Kapitel wird anhand der klassischen Elektrodynamik die Theorie der Bewegung eines Partikels im Feld entwickelt, während im zweiten Kapitel die Grundlagen der Quantenmechanik, soweit sie für das Verständnis des Folgenden notwendig sind, dargestellt werden. Das dritte Kapitel schließlich enthält die fundamentalen Grundlagen der magnetischen Resonanz, wie Resonanzbedingung, Übergangswahrscheinlichkeit und *Bloch*sche Gleichungen, sowie eine sehr kurze Beschreibung der experimentellen Technik.

Das vierte Kapitel beschreibt im wesentlichen die Gesetzmäßigkeiten der Linienaufspaltung in den Spektren von Flüssigkeiten und der Linienform der Spektren von Festkörpern. In den beiden folgenden Kapiteln wird die Theorie der chemischen Verschiebung und der *g*-Werte bzw. der Kopplungs-Konstanten behandelt und z. T. anhand einiger Beispiele erläutert. Im siebenten und letzten Kapitel wird kurz auf einige zeitabhängige Effekte eingegangen. Der Einfluß der *Brown*schen Bewegung auf die Relaxationszeiten, das Relaxationsverhalten bei Anwesenheit von Quadrupolmomenten und Austauschprozesse werden diskutiert. Schließlich werden einige Doppelresonanzmethoden, wie Spin-Tickling, Spinentkopplung, ENDOR und *Overhauser*-Effekt, kurz beschrieben. In einem Anhang werden einige notwendige Grundlagen dargestellt.

Das Buch ist im wesentlichen auf die Belange des Chemikers zugeschnitten. Die Behandlung physikalischer Probleme, speziell der Festkörperphysik, fehlt fast völlig. Ebenso fehlt ein Überblick über die moderneren Aspekte der magnetischen Resonanz, die sich insbesondere aus der Anwendung der Impuls- und der *Fourier*-Spektroskopie ergeben. Für den bereits auf dem Gebiet der magnetischen Resonanz tätigen Wissenschaftler bietet daher das Buch kaum etwas Neues. Dagegen dürfte es zur Einarbeitung in die Methoden der magnetischen Resonanz und zur Erlangung eines Überblickes über ihre Leistungsfähigkeit und Grenzen speziell für den Chemiker von beträchtlichem Nutzen sein.

K. Frigge

Infrared Band Handbook. Von *H. A. Szymanski* und *R. E. Erickson.* New York/Washington/London: IFI/Plenum 1970. Zwei Bände. XII, XI, 1491 S. $ 132.25.

Diese neue, revidierte und erweiterte Auflage des erstmals 1963 erschienenen Infrared Band Handbook enthält 27827 Eintragungen von Absorptionsbanden aus den Spektralbereichen 4240 cm^{-1} bis 999 cm^{-1} im Band 1 und 999 cm^{-1} bis 29 cm^{-1} im Band 2. Für jede Absorptionsbande sind die Wellenzahl, die Strukturformel der Verbindung und eine Referenznummer angegeben. Weiter sind bei den meisten Eintragungen Angaben über die Aufnahmebedingungen wie z. B. Zustand der Probe, Matrixmaterial, Lösungsmittel und Konzentration zu finden. Soweit vorhanden, werden auch Hinweise über die relative Intensität der Banden und die Zuordnung gegeben. Die Sammlung basiert auf der Auswertung der wichtigsten Zeitschriften, in denen Spektren veröffentlicht werden, sowie auf Spektrenkatalogen und einigen Büchern. Im Formelindex des Werkes werden etwa 3200 organische und anorganische Verbindungen erfaßt.

Die Problematik einer solchen umfangreichen Stoffsammlung liegt darin, wie die riesige Menge des Materials nutzbar gemacht werden kann. Das Buch kann und soll eine Spektrensammlung nicht ersetzen. Für jede Verbindung werden nur einige wichtige oder charakteristische Absorptionsbanden erfaßt. Die größte Schwierigkeit liegt nach Ansicht des Rezensenten bei der Benutzung des Buches in der Genauigkeit der Wellenzahlen. Man kann heute mit einem guten Spektrometer, das vom Hersteller oder Benutzer exakt geeicht ist, mit einiger Mühe die Wellenzahlen auf mindestens ± 1 cm^{-1} genau messen. Aus den registrierten Spektren sind sie jedoch selten genauer als auf ± 5 cm^{-1} zu entnehmen. Legt man einen solchen Meßfehler zugrunde, so stehen für eine bei 1600 cm^{-1} gefundene Bande im vorliegenden Buch etwa 190 Strukturformeln zur Auswahl. In anderen Wellenzahlbereichen sieht es etwas besser aus, jedoch beträgt die mittlere Belegungsdichte 70 Eintragungen je 10 cm^{-1}. Andererseits stellen 3200 Strukturformeln nur einen kleinen Bruchteil der bekannten chemischen Verbindungen dar. Daher kann nur einem Teil der in der Einführung genannten Anwendungsmöglichkeiten des Buches ein voller Erfolg beschieden sein.

Nur in wenigen Fällen kann mit dem Handbuch ohne die Kenntnis weiterer Daten eine Verbindung identifiziert werden. Von größerem Wert ist die Möglichkeit, durch Vergleich der Zuordnungen ähnlicher Verbindugen die Absorptionsbanden einer Verbindung zu interpretieren. Insgesamt ist zu sagen, daß das Infrared Band Handbook eine große Fülle von Material enthält, daß der Informationsgehalt bei kritischer Betrachtung aber nicht so groß ist, wie er auf den ersten Blick scheint. Die großzügige und sehr übersichtliche Ausstattung des Buches kommt seinem Gebrauch als Nachschlagewerk sehr entgegen. *J. Dechant*

Methodensammlung der Elektronenmikroskopie, 3., 4., und 5. Lieferung. Von *G. Schimmel* und *W. Vogell.* Stuttgart: Wiss. Verlagsgesellschaft mbH. 1973. VIII, 784 S. Loseblattsamml. DM 374,—.

Mit der 5. und vorerst letzten Lieferung von Einzelarbeiten wurde die „Methodensammlung der Elektronenmikroskopie", von *G. Schimmel* und *W. Vogell* herausgegeben, komplettiert. Damit steht den experimentell arbeitenden Elektronenmikroskopikern eine Sammlung von Verfahren und Rezepten für ihre Arbeit zur Verfügung, wie es sie bisher noch nicht gegeben hat. Die Einzelartikel sind mit Schlüsselnummern versehen, die es auch gestatten, sich die Arbeiten gemäß dem eigenen Arbeitsgebiet zu ordnen. Es kann aber auch auf die von den Herausgebern vorgeschlagene übersichtliche Zusammenstellung beim Abheften der Einzeldarstellungen zurückgegriffen werden.

Wie schon früher beschrieben, stellt dieser Verfahrens- und Präparationskatalog für alle elektronenmikroskopischen Labors eine gute Arbeitshilfe dar. Eine Anschaffung dieser Ringbücher ist besonders für die Arbeitsplätze zu empfehlen und nicht nur für wissenschaftliche Bibliotheken.

E. Schulz

Identification and Analysis of Plastics. Von *J. Haslam, H. A. Willis* und *D. C. M. Squirrell.* London: Iliffe Book 1972. 748 S. Kunststoffeinb. £: 18.00.

Die großtechnische Herstellung und Verarbeitung von Polymeren führte zwangläufig zur Entwicklung und Anwendung einer Vielzahl von sowohl polymerspezifischen als auch bei verschiedenen Polymeren anwendbaren, zu speziellen Aussagen führenden Analysen- und Charakterisierungsmethoden, die einerseits bei der Prozeßkontrolle und Produktenbeurteilung angewendet werden und andererseits zur analytischen Beschreibung und Identifizierung von Polymeren dienen.

Das vorliegende Buch enthält, geordnet nach der chemischen Struktur der Polymeren, eine Zusammenstellung von Analysenverfahren, die überwiegend der letztgenannten Zielstellung dienen und meist, wie im Vorwort betont wird, während der langjährigen einschlägigen Experimentalarbeit der Autoren erfolgreich erprobt wurden.

Das Buch beginnt mit zwei einführenden Artikeln, in denen die Grundlagen der in den späteren Abschnitten herangezogenen physikalischen Methoden mit typischen Anwendungsbeispielen erläutert und die qualitative Analyse von Plasten (halbquantitative Bestimmung von Heteroatomen, Löslichkeitsbestimmungen, polymerspezifische Tests, Interpretation von IR-und NMR-Spektren u. a.) diskutiert werden. Es folgen acht Kapitel, in denen die analytische Charakterisierung spezieller Polymerer bzw. Polymerklassen beschrieben wird (Vinylkunststoffe; Polyester und Esterpolymere; Polyamide und verwandte Polymere; Polyolefine und entsprechende Kompositionen; Fluorkohlenwasserstoffpolymere und Polymeremulsionen; Kautschukpolymere; hitzehärtbare Harze sowie Epoxy-, Polyäther-, Siliconkunststoffe, Cellulosederivate und natürliche Polymere).

Ein Abschnitt über die Analytik von Plastifikatoren, Füllstoffen und Lösungsmitteln als Bestandteile von Plasten sowie ein Anhang zur IR-Spektroskopie mit über 300 Spektrenabbildungen beschließen die Ausführungen.

Umfang und Komplexität der Darstellungen seien am Beispiel von Kapitel 5 — Polyamide und entsprechende Polymere — erläutert, das Angaben und Beschreibungen zu folgenden Komplexen enthält: Handelsübliche Polyamide, Entfernung und Bestimmung von Plastifikatoren, Hydrolyse sowie Identifizierung und Bestimmung saurer und basischer Hydrolyseprodukte, papierchromatographische Identifizierung von Hydrolyseprodukten, vergleichende Zusammenstellung der Ergebnisse der genannten Methoden für verschiedene Polyamide, Pyrolysegaschromatographie, Bestimmung des Gehalts an Amino- und Carboxylendgruppen sowie von Wasser im Polymeren; Nachweis, Entfernung und Identifizierung von Spinnpräparationen; Ermittlung der rel. Lösungsviskosität; Bestimmung von Füllstoffen und Stabilisatoren; Identifizierung von Polyimiden nach Hydrolyse; IR- und auch NMR-spektroskopische Ergebnisse. Wie in allen anderen Abschnitten werden z. T. auch ausführliche, sofort anwendbare Arbeitsvorschriften mitgeteilt. Der Schwerpunkt der Darlegungen liegt bei den Analysenverfahren zur Identifizierung der chemischen Struktur, die polymeranalytischen Methoden werden nur kurz behandelt.

Der Rezensent vermißt hier Hinweise auf die zeitsparende manometrische Wasserbestimmungsmethode (vgl. Faserforsch. u. Textiltechnik **20** (1969) S. 198—199) sowie Angaben zur Extraktbestimmung und Extraktanalytik.

Die außerordentlich umfangreiche, leicht verständliche Zusammenfassung analytischer Methoden zur Identifizierung und Charakterisierung einzelner Polymerer oder Polymerklassen ist nicht nur dem speziell auf diesem Gebiet tätigen Analytiker, sondern jedem Polymerchemiker, der Präparate oder Produkte umfassend beschreiben will, zur Lektüre zu empfehlen.

W. Jaeger

Nähwirk-Faserverbundstoffe, Malivlies, Maliwatt, Voltex. Von einem Autorenkollektiv. Leipzig: Fachbuchverlag 1973. 126 S. brosch., M 8,50.

In diesem Jahr werden es gerade 27 Jahre, daß *Heinrich Mauersberger* seine Gedanken, die hohen Arbeitsgeschwindigkeiten der Nähmaschine mit dem Prinzip der Maschenbildung zu kombinieren und dadurch zu einem neuartigen Prinzip der Herstellung von textilen Flächengebilden zu kommen, zu realisieren begann.

Heute arbeiten weit über 1000 Nähwirkmaschinen in mehr als 30 Ländern und stellen bereits über 1% aller textilen Flächengebilde in der Welt her. Mit den bis heute entwickelten sechs Grundtypen von Nähwirkmaschinen und -verfahren sind alle Arten von textilen Faserstoffen zu nahezu allen Sortimenten von Textilien für Bekleidungszwecke, zu Raum- und technischen Textilien zu verarbeiten.

Von den sechs Grundtypen behandelt die vorliegende Broschüre in sieben Abschnitten die drei Grundtechnologien *Malivlies, Maliwatt* und *Voltex*, nach denen mit oder ohne Nähfaden aus Faserschichten bzw. -vliesen durch Maschenbilden die Nähwirk-Faserverbundstoffe erhalten werden.

In einer kurzen Einleitung werden in einer Übersicht die wichtigsten Entwicklungsabschnitte der Nähwirktechnik aufgeführt, der Begriff „Nähwirken" erklärt und die Nähwirkstoffe nach den sechs Grundverfahren eingeteilt. Der Abschnitt 2 behandelt die Nähwirkmaschine mit den Nähwirkwerkzeugen, das Prinzip des Nähwirkens, Verfahren MALIMO, und den Arbeitsablauf, der Abschnitt 3 die Vliesbildung und die verschiedenen Arten der Vliese. In den folgenden drei Abschnitten werden jeweils die Grundtypen *Malivlies, Maliwatt, Voltex* besprochen, im letzten Abschnitt kurz das sowjetische *AČW*-Verfahren und das tschechoslowakische *Arachne*-Verfahren.

Es wird das jeweils Spezifische der Technologie der Grundtypen herausgestellt, nachdem die vorhergehenden Abschnitte das für alle Malitechnologien bzw. für Nähwirk-Faserverbundstoffe gleicherweise Zutreffende behandelten. Jede Grundtype wird nach den gleichen Prinzipien besprochen: Begriffserklärung, maschinentechnische Einrichtungen, Arbeitsprinzip, das zur Verarbeitung am besten geeignete Material, Bindung, Ausrüstung, Eigenschaften und Verwendung der Nähwirk-Faserverbundstoffe.

Die Broschüre füllt eine seit langem bekannte Lücke im textilen Fachschrifttum. Sie ist für einen breiten Leserkreis gedacht, der sich über den heute erreichten technischen Stand dieser neuartigen textilen Produktionsverfahren orientieren will.

Die Nähwirktechnik steht erst am Anfang ihrer Entwicklung, das Schwierigste, ihre Durchsetzung in der Praxis, ist erreicht worden. Die Sortimentsentwicklung mit neuen Faserstoffarten und -formen und neuen Veredlungstechnologien wird zunehmend zu neuen und breiteren Einsatzgebieten führen. Diese Broschüre ist daher für den textilen Fachmann in allen textilen Bereichen interessant.

K. Meyer

Französische und deutsche chemische Fachausdrücke. (Ein Leitfaden der Chemie in französischer und deutscher Sprache). Von *Hans Fromherz* und *Alexander King.* Weinheim: Verlag Chemie; Paris: Gauthier-Villars 1969. XIX, 568 S. Lwd. DM 66,—.

Nach dem im Verlag Chemie bereits in mehreren Auflagen erschienenem Werk gleicher Autoren: „Englische und deutsche chemische Fachausdrücke" steht nun erfreulicherweise auch das vorliegende Werk mit seinen mehr als 10000 Fachausdrücken (unter weitgehender Beachtung der von IUPAC gefällten Nomenklatur-Beschlüssen) dem Nutzer zur Verfügung.

Wie schon der Untertitel des Werkes: „Ein Leitfaden der Chemie in französischer und deutscher Sprache" aussagt, werden in zweisprachiger paralleler Darlegung Grundlagen der allgemeinen, der anorganischen, der organischen und der physikalischen Chemie sowie der chemischen Physik (unter starker Beachtung des Feinbaues der Materie) geschildert. Besonders zu begrüßen sind die in Kapitel 1.5 angeführten Begriffe von Geräten und anderen Laborausrüstungen sowie am Ende des Buches die üblichen Abkürzungen in beiden Sprachen. Die Polymerchemie, die modernen Untersuchungsmethoden (Chromatographie, Thermoanalyse usw.) und die chemische Verfahrenstechnik werden nur am Rande besprochen, und es wäre zu begrüßen, daß diese Gebiete bei der nächsten Auflage wegen ihrer wissenschaftlichen und praktischen Bedeutung eine größere Beachtung finden würden.

Die Nutzer dieses ausgezeichneten Werkes — vor allem Chemiker, Ingenieure und Übersetzer — werden den Autoren für ihre große Leistung dankbar sein, und die Anschaffung des Buches durch die wissenschaftlichen Bibliotheken und Interessenten ist dringend empfohlen.

W. Dawydoff

Infrared and Raman Spectra of Crystals. Von *G. Turrell.* London und New York: Academic Press 1972. XII, 384 S. Kunststoffbd. £ 8,50.

Während das Schwingungsverhalten und die Spektroskopie des isolierten Moleküls bereits in einigen Monographien behandelt wurden, wird in diesem Buch erstmals der Versuch unternommen, die Dynamik des Festkörpers zusammenhängend darzustellen. Das ist besonders deshalb zu begrüßen, weil die Festkörpereigenschaften in starkem Ausmaß von seinem dynamischen Verhalten abhängen.

In den ersten beiden Kapiteln werden die wichtigsten Grundlagen der Molekülschwingungen und der Molekülsymmetrie zusammengestellt. Diese Kapitel dienen hauptsächlich zur Definition der in dem Buch verwendeten Begriffe und zur Wiederholung der Kenntnisse über die Molekülspektroskopie. Die notwendigerweise knappe Darstellung sollte der auf diesem Gebiet weniger erfahrene Leser durch eine gründliche Beschäftigung mit den einschlägigen Werken zu dieser Thematik ergänzen.

Im dritten Kapitel befaßt sich der Autor mit der Dynamik des Kristallgitters. Ausgehend von den Schwingungen einer einfachen zweiatomigen Kette werden die Dispersionsbeziehungen, die Schwingungen von dreidimensionalen Gittern und die Phononen behandelt. Der Darstellung der Kristallsymmetrie und ihrer Bedeutung für die Kristallschwingungen ist das vierte Kapitel gewidmet. Im fünften Kapitel wird die Wechselwirkung zwischen den Kristallschwingungen und elektronenmagnetischer Strahlung betrachtet.

In den drei folgenden Kapiteln werden die Grundlagen der Gitterdynamik auf Probleme der Festkörperspektroskopie angewendet. Zunächst wird an einigen Beispielen die Bestimmung von Kraftfeldern und Strukturen erläutert. Ein Kapitel über die Infrarot- und Raman-Spektren von Polymeren enthält vor allem Untersuchungen über n-Paraffine und Polyäthylen, wobei auch auf den Einfluß der Endgruppen und der endlichen Kettenlänge auf das Schwingungsspektrum eingegangen wird.

Im letzten Kapitel über die Spektroskopie von Defektkristallen werden die gegenseitige Beeinflussung der Schwingungen von Defektstellen und Wirtsgitter und die Spektroskopie von Matrix-Isolations-Systemen behandelt.

In einem Anhang sind unter anderem die Methoden zur Berechnung von Kraftkonstanten, Charaktertafeln und kristallographische Tabellen enthalten.

Der Autor ist durchweg um eine mathematisch exakte Darstellung des Stoffes bemüht. An mathematischen Grundlagen werden beim Leser vor allem gute Kenntnisse der Matrixalgebra vorausgesetzt. In dieser Hinsicht ist das Buch für den normalen Spektroskopiker recht anspruchsvoll. Für alle, die sich intensiv mit der Festkörperspektroskopie befassen wollen, kann die Arbeit mit dem vorliegenden Buch sehr empfohlen werden.

J. Dechant

Solid State Surface Science. Vol. 3. Hgg. von *Mino Green.* New York: Marcel Dekker 1973. XI, 222 S. HLwd. $ 24,50.

Unmittelbar nach dem unlängst an gleicher Stelle[1]) besprochenen Band 2 ist nun auch Band 3 der Reihe „Solid State Surface Science" erschienen. Das Buch enthält drei Beiträge mit sehr unterschiedlicher Thematik.

Im ersten Beitrag gibt *R. M. Logan* einen Überblick über die „Theorie der Streuung und Akkomodation von Gasen an Oberflächen". Stoßexperimente von Gasatomen oder -molekülen an Festkörperoberflächen sind nicht nur für die Untersuchung der Oberflächenstruktur und von chemischen Reaktionen an Oberflächen, sondern auch für die Bewegung in hochverdünnten Gasen, z. B. von Erdsatelliten, von Bedeutung. Einleitend erfolgt eine kurze Einführung in die Grundlagen und eine Diskussion allgemeiner Gesichtspunkte sowie eine Beschreibung der experimentellen Technik. Die theoretische Behandlung des Problems der Stöße zwischen Gas und Oberfläche ist im anschließenden Kapitel, dem Hauptabschnitt des gesamten Beitrages, wiedergegeben. Da es z. Z. noch keine befriedigende einheitliche Theorie gibt, wird eine Vielzahl theoretischer Behandlungsmöglichkeiten, basierend auf den Grundlagen der Quantenmechanik, der klassischen Gittertheorie, der klassischen Kontinuumstheorie oder auf anderen theoretischen Grundlagen, beschrieben. Die Grenzen für die Gültigkeit der verschiedenen Theorien werden ausführlich diskutiert. Den Abschluß bildet ein kurzes Kapitel über die Adsorption der stoßenden Gasatome oder -moleküle. Die verschiedenen theoretischen Ansätze zur Berechnung der Einfangwahrscheinlichkeit werden kurz diskutiert.

Der zweite Beitrag, „Oberflächen-Raumladungs-Schichten in Festkörpern" von *D. R. Frankl* behandelt die Theorie der Oberflächenladungen von Isolatoren und Halbmetallen im elektrischen Feld. Der Autor beschränkt sich nicht nur auf die Diskussion der neuesten Ergebnisse, sondern versucht auch auf künftige Entwicklungen hinzuweisen. Einleitend wird die *Poisson*-Gleichung abgeleitet und gezeigt, daß diese Gleichung im allgemeinen nur eine Näherung darstellt. Die Hauptkapitel des Beitrages enthalten die Berechnung der Ladungsdichte und der Raumladungsschichten, Quantisierungseffekte, Berechnung der Energieniveaus von mehrschichtigen Anordnungen, die aus Metallen, Isolatoren und Halbleitern bestehen, und die Verteilung von eingefangenen Ladungsträgern.

Im dritten Beitrag berichten *J. W. Gadzuk* und *E. W. Plummer* über „Feldemissionsspektroskopie chemisorbierter Atome". Hauptgegenstand der Betrachtungen ist der Einfluß an der Oberfläche adsorbierter Atome auf die Energieverteilung der feldemittierten Elektronen. Der erste Teil des Beiträges enthält einige theoretische und experimentelle Grundlagen. Der zweite Teil enthält eine Übersicht über einige neuere Ergebnisse. Insbesondere wird über den Resonanz-Tunneleffekt bei der Feldemission aus Wolframoberflächen, an denen Erdalkalimetalle, Wasserstoff, Sauerstoff, Krypton oder Germanium adsorbiert sind, und über den unelastischen Tunneleffekt bei der Feldemission aus mit organischen Molekülen oder Wasserstoff belegten Wolfram- oder Molybdänoberflächen berichtet.

Alle Autoren gehen bei der Abhandlung der theoretischen Probleme nicht allzusehr in die Tiefe und sind vor allem um eine klare Interpretation des physikalischen Inhalts der Theorien bemüht. Das Buch ist nicht nur für jeden auf dem Gebiet der Oberflächenerscheinungen von Festkörpern arbeitenden Wissenschaftler eine wertvolle Hilfe, sondern dürfte auch für jeden Festkörperphysiker von großem Interesse sein.

K. Frigge

[1]) s. Faserforsch. u. Textiltechnik/Z. Polymerforsch. **25** (1974) 3, S. 127/128.

Patentschau

Auszug aus der Lieferung 23/24/1973 der Patentschau „Faserstoffe und Textiltechnik", Ausgabe A: Faserstoffe einschl. Kunststoffe und organ. Grundsubstanzen, zusammengestellt von der Abteilung Information und Dokumentation des Instituts für Polymerenchemie der AdW der DDR, 153 Teltow-Seehof, Kantstr. 55

Die Patentschau ist nach der Internationalen Patentklassifikation (IPC) gegliedert. Es bedeuten: DLP = DDR-Patent; DTP = Deutsches Bundespatent; DTA = (West)Deutsche Auslegeschrift; DTO = (West)Deutsche Offenlegungsschrift; OEP = Oesterreichisches Patent; POP = Polnisches Patent; CHP = Schweizer Patent; FRP = Französisches Patent; GBP = Britisches Patent; JAP = Japanisches Patent; SWP = Schwedisches Patent; SUP = Sowjetisches Patent; CSP = Tschechoslowakisches Patent; USP = Amerikanisches Patent; A. = Anmeldedatum, O. bzw. B. = Tag der Ausgabe der Patent-, Offenlegungs- bzw. Auslegeschrift.

Sektion C. Chemie und Metallurgie

CHEMIE

C 01. Anorganische Chemie

C 01b. Nicht-metallische Elemente, Metalloide und ihre Verbindungen, außer den unter C 01c aufgeführten

USP 3716331. Verfahren zur Herstellung von Kohlenstoffasern mit hohem E-Mocul. Erf.: *Wesley A. Schalamon* u. *Roger Bacon*. Inh.: Union Carbide Corp., New York, N. Y. A. 10. 4. 70, B. 13. 2. 73. Kl.: 423-447, Int. Kl.: C 01b 31/07. 7 Anspr. A.-Z.: 28167 (Zus. z. Pat. m. A.-Z.: 610789. A. 23. 1. 67).

USP 3716607. Thermische Behandlung von kohlenstoffartigem Material vor dessen Umwandlung in Kohlenstoffasern und andere Kohlenstofformkörper. Erf.: *Sugio Otani*. Inh.: Kureha Kagaku Kogyo Kabushiki Kaisha, Tokio-to (JA). A. 7. 7. 70, B. 13. 2. 73. Kl.: 264-29, Int. Kl.: C 01b 31/07, D 06m 11/12, 11/04. 8 Anspr. A.-Z.: 51807. Prior.: 1. 11. 63, 1. 9. 64 (JA; A.-Z.: 38/58932, 39/49772, A.-Z.: 49772/64, JAP 893/64).

USP 3723607. Oberflächenmodifizierung von Kohlenstoffasern. Erf.: *Ilmar L. Kalnin*. Inh.: Celanese Crop., New York, N. Y. A. 16. 7. 70, B. 27. 3. 73. Kl.: 423-447, Int. Kl.: C 01b 31/07. 17 Anspr. A.-Z.: 55562.

C 03. Glas; Mineral- und Schlackenwolle

C 03b. Herstellung, Formgebung und Nachbehandlungsverfahren

FRP 2164444 (B). Verfahren und Vorrichtung zur geregelten Aushärtung bei der Herstellung von Glasfasern. Erf.: *Edward Thomas Strickland* u. *Homer Christian Amos*. Inh.: PPG Industries, Inc. A. 20. 12. 71, B. 7. 9. 73. Int. Kl.: C 03b 37/00. A.-Z.: 7145748.

C 03c. Chemische Zusammensetzung von Gläsern, Glasuren oder Emails; Oberflächenbehandlung von Glas; Verbinden von Glas mit Glas oder anderen Stoffen

USP 3711351 (ausgesch. aus Pat. 3544421. A. 31. 5. 67, B. 1. 12. 70. A.-Z.: 643321). Verfahren zur Imprägnierung anorganischer Fadenstränge. Erf.: *James R. Griffith*. Inh.: United States of America, Secretary of the Navy. A. 9. 9. 70, B. 16. 1. 73. Kl.: 156-175, Int. Kl.: B 32b 17/04. 3 Anspr. A.-Z.: 70808.

USP 3718449. Schlichten, Oberflächenimprägnierung und kombinierte Schlichte- und Oberflächenimprägnierungskomposition für Glasfasern. Erf.: *Dennis M. Fahey*. Inh.: PPG Industries Inc., Pittsburgh, Pa. A. 1. 12. 70, B. 27. 2. 73. Kl.: 65-3, Int. Kl.: C 03c 25/02. 7 Anspr. A.-Z.: 93980. Entspr. DTO 2158606 u. FRP 2116440.

C 07. Organische Chemie

C 07c. Acyclische und carbocyclische Verbindungen

FRP 2162486 (B). Verfahren zur Reinigung von Acryl- und Methacrylsäure. Erf.: *Yasuhito Sakakibara* u. *Michio Kato*. Inh.: Sumitomo Chemical Co. Ltd. A. 6. 12. 72, B. 24. 8. 73. Int. Kl.: C 07c 51/00, 57/00. A.-Z.: 7243367. Prior.: 7. 12. 71 (JA; A.-Z.: 99248/71). Entspr. DTO 2259501.

JAP 7239044. Terephthalsäure hoher Reinheit zur Direktpolymerisation. Erf.: *Motoo Shigeyasu* u. *Kenzo Kuihara*. Inh.: Maruzen Oil Ltd.; Matsuyama Petrochemical Ind. A. 27. 4. 71, B. 6. 12. 72. Kl.: 16 C 61. A.-Z.: 7127359. Entspr. DTO 2220273 u. FRP 2134559.

JAP 7326729. Herstellung von Acrylnitril und Methacrylnitril durch gleichzeitige Ammonoxydation. Erf.: *Yoneichi Ikeda*, *Masaharu Tashiro*, *Toshio Nakamura* u. *Noboru Fukushima*. Inh.: Nitto Chemical Industry Co. Ltd. A. 5. 8. 71, B. 9. 4. 73. Kl.: 16 B 682. A.-Z.: 7158606.

C 07d. Heterocyclische Verbindungen, die nur Sauerstoff als Heteroatom oder -atome enthalten

FRP 2162670 (B). Verfahren zur Abtrennung von Lactamen. Inh.: Stamicarbon B. V. u. Stamicarbon N. V. A. 11. 12. 72, B. 24. 8. 73. Int. Kl.: C 07d 41/00. A.-Z.: 7243994. Prior.: 11. 12. 71 (NL; A.-Z.: 7117035). Entspr. DTO 2260014.

GBP 1325800. Verfahren zum Reinigen von polymerisierbaren organischen Substanzen. Inh.: Societa Italiana Resine S.p.A. A. 3. 11. 71, B. 8. 8. 73. Kl.: C2.C, C3.R, Int. Kl.: C 07d 9/00, 41/06, 13/02, 19/00. A.-Z.: 51189/71. Prior.: 12. 11. 70 (IT; A.-Z.: 31632).

C 08. Makromolekulare Verbindungen; ihre Herstellung und chemische Verarbeitung; auf diesen Verbindungen beruhende Gemische

C 08b. Polysaccharide und deren Derivate

SUP 395401 (Urheberschein). Herstellungsverfahren für Celluloseacetat. Erf.: *T. A. Dudenkova* u. 6 weitere. Anm.: Vladimirskij chimičeskij zavod. A. 13. 7. 70, B. 28. 8. 73. Int. Kl.: C 08b 3/06. A.-Z.: 1458651/23 – 5.

USP 3749710. Verfahren zur Herstellung von Hydroxyäthylhydroxybutylcellulose. Erf.: *Shunichi Koyanagi*, *Kinya Ogawa*, *Yoshiro Onda*, *Akira Yamamoto* u. *Hiroshi Suzuki*. Inh.: Shinetsu Chemical Co., Tokio (JA). A. 13. 4. 71, B. 31. 7. 73. Kl.: 260-231 A, Int. Kl.: C 08b 11/08. 8 Anspr. A.-Z.: 133753. Prior.: 27. 4. 70 (JA; A.-Z.: 45/36034). Entspr. FRP 2090761.

GBP 1328088. Gelöste Alginmaterialien. Inh.: Wallace Cameron & Co. Ltd. A. 23. 9. 70, B. 30. 8. 73. Kl.: C3.U, Int. Kl.: C 08b 19/10. A.-Z.: 47642/69.

SUP 395401 (Urheberschein). Stabilisierungsverfahren für Celluloseacetat. Erf.: *S. V. Vinogradov* u. 4 weitere. A. 18. 6. 70, B. 28. 8. 73. Int. Kl.: C 08b 27/68. A.-Z.: 1451426/23 – 5.

C 08d. Synthesekautschuk

SUP 394384 (Urheberschein). Haften von Textilmaterialien an Gummi. Erf.: *D. P. Emel'janov* u. 16 weitere. A. 7. 9. 71, B. 22. 8. 73. Int. Kl.: C 08d 13/16. A.-Z.: 1693207/23 – 5.

C 08f. Polymerisationsprodukte

FRP 2160950 (B). Verfahren zur Herstellung einer Komponente zur Bildung eines Katalysators, mit dessen Hilfe α-Olefine, pulverförmig und mit verbesserten Eigenschaften, polymerisiert werden können. Inh.: Shell Internationale Research Maatschappij N. V. A. 22. 11. 72, B. 10. 8. 73. Int. Kl.: B 01j 11/00, C 08f 1/00, 3/00. A.-Z.: 7241445. Prior.: 24. 11. 71 (NL; A.-Z.: 7116132).

GBP 1326167. Verfahren zum Polymerisieren von Olefinen und Katalysator .Inh.: Phillips Petroleum Co. A. 13. 4. 71, B. 8. 8. 73. Kl.: B1.E, C3.P, Int. Kl.: B 01j 11/46, C 08f 1/66. A.-Z.: 9253/71).

GBP 1328624. Verfahren zur Suspensionspolymerisation von Vinylmonomeren. Inh.: Daicel Ltd. A. 26. 8. 71, B. 30. 8. 73. Kl.: C3.P, Int. Kl.: C 08f 1/11. A.-Z.: 40044/71. Prior.: 28. 8. 70 (JA; A.-Z.: 75408). Entspr. DTO 2142440, FRP 2106122 u. USP 3681310.

USP 394386 (Urheberschein). Herstellungsverfahren für Polymere. Erf.: *S. S. Ivančev* u. *Ju. L. Žerebin*. Anm.: Odesskij ordena Trudovogo Krasnogo Znameni gosudarstvennyj universitet im. I. I. Mečnikova. A. 24. 11. 70, B. 22. 8. 73. Int. Kl.: C 08f 1/60, C 08d 1/22. A.-Z.: 1495321/23 – 5.

JAP 7317587. Katalysatoren zur Herstellung von Polyolefinen. Erf.: *Kazuo Yamaguchi*, *Tooru Tanaka*, *Shigeaki Okano* u. *Nobuo Enokido*. Inh.: Mitsubishi Chemical Industries, Co. Ltd. A. 12. 7. 71, B. 6. 3. 73. Kl.: 26(3) B 111. A.-Z.: 7151598.

USP 3716547. Verfahren zur Herstellung von Poly(Vinylacetat-Dialkylmaleat-Acrylsäure)-Textilschlichten. Erf.: *Albert E. Corey*, *Donald D. Donermeyer* u. *Charles R. Williams*. Inh.: Monsanto Co., St. Louis, Mo. A. 16. 12. 70, B. 13. 2. 73. Kl.: 260-29,6 TA, Int. Kl.: C 08f 1/13, D 06c 27/00. 17 Anspr. A.-Z.: 98914. Entspr. DTO 2162285.

JAP 7312378. Polymerisation von Äthylen. Erf.: *Akira Ito*, *Kazuhiro Matsuzaki* u. *Yashio Morimoto*. Inh.: Mitsui Toatsu Chemicals Co. Ltd. A. 25. 6. 71, B. 16. 2. 73. Kl.: 26(3) B 111.1, 26(3) A 272.1. A.-Z.: 7145680.

CSP 150189. Verfahren zur Herstellung von niedermolekularem Polyisobutylen. Erf.: *Lidia Kubiczek*, *Józef Obloj* u. *Maria Nowakowska*. A. 26. 4. 67, B. 15. 12. 72. Kl.: 39c, 25/01, Int. Kl.: C 08f 3/14. A.-Z.: 3077/67. Prior.: 29. 4. 66 (PO; A.-Z.: 114323). Entspr. DTO 1720954, FRP 1525425 u. GBP 1140988.

CSP 150994. Verfahren zur Herstellung von Katalysatoren für die Polymerisation von Äthylen oder dessen Gemische und α-Olefinen oder/und Diolefinen. Erf.: *Adolfo Mayr*, *Ermanno Susa* u. *Ettore Giachetti*. A. 21. 11. 69, B. 22. 2. 73. Kl.: 39c, 25/01, Int. Kl.: C 08f 3/06. A.-Z.: 7683/69. Prior.: 21. 11. 68 (IT; A.-Z.: 24008 A/68). Entspr. OEP 292299, FRP 2023789 u. GBP 1292853.

USP 3715344. Reguläre lineare Kopf-Schwanz-Polymerisate von bestimmten ungesättigten Kohlenwasserstoffen und Fäden, die die genannten Polymerisate enthalten. Erf.: *Giulio Natta*, *Piero Pino* u. *Giorgio Mazzanti*. Inh.: Montecatini Edison S.p.A., Mailand (IT). A. 8. 6. 55, B. 6. 2. 73. Kl.: 260-93,7, Int. Kl.: C 08f 3/10. 4 Anspr. A.-Z.: 514099. Prior.: 8. 6. 54, 27. 7. 54 (IT; A.-Z.: 24227/54, 25109/54). A.-Z.: 24227/54 vgl. auch USP 3438956; A.-Z.: 25109/54 vgl. auch USP 3435017. Entspr. DTO 1494168, DTO 1494188, DTO 1494189 u. DTA 1794361.

CHP 540940. Verfahren zur Herstellung von Polymeren, die sterisch gehinderte Phenolgruppen enthalten und deren Verwendung als Stabilisatoren. Erf.: *Eduard Karl Kleiner*. Inh.: Ciba-Geigy AG, Basel. A. 24. 9. 70, Int. Kl.: C 08f 7/02, 19/00, B 01j 1/22. A.-Z.: 14122/70.

DTO 2215509. Vernetzte, quellfähige Copolymerisate mit cyclischen Dicarbonsäureanhydridgruppen. Erf.: *Bruno Bömer*, *Herbert Bartl*, *Erich Rauenbusch*, *Fritz Hüper* u. *Günther Schmidt-Kastner*. Anm.: Bayer AG, 5090 Leverkusen (DT). A. 30. 3. 72, B. 4. 10. 73. Kl.: 39b4, 15/36, Int. Kl.: C 08f 15/36. A.-Z.: P 2215509.

FRP 2160937 (B). Modifiziertes Polyäthylen mit verbesserter Vernetzungsneigung durch γ-Bestrahlung und sein Herstellungsverfahren. Erf.: *Mario Bruzzone* u. *Robert Paiella*. Inh.: Snam Progetti S.p.A. A. 22. 11. 72, B. 10. 8. 73. Int. Kl.: C 08f 3/00, 1/00, 15/00. A.-Z.: 7241404 Prior.: 26. 11. 71 (IT; A.-Z.: 31733 A/71). Entspr. DTO 2257111.

CSP 150484. Verfahren zur Herstellung neuer hydrophiler Copolymerer mit niedrigem Erweichungspunkt. Erf.: *Vladimir Stoy*, *Karel Kliment* u. *Miroslav Stol*. Inh.: Ustav makromolekulárni chemie ČSAV, Prag. A. 4. 3. 69, B. 31. 1. 73. Kl.: 39c, 25/01, Int. Kl.: C 08f 15/16. A.-Z.: 1569/69. Entspr. DTO 2009296.

SUP 394385 (Urheberschein). Verfahren zur Herstellung von Polymeren mit Kohlenstoffkette. Erf.: *I. V. Kalečic* u. 12 weitere. A. 27. 4. 71, B. 22. 8. 73. Int. Kl.: C 08f 1/28. A.-Z.: 1647354/23 – 5.

SUP 396102 (Urheberschein). Herstellungsverfahren für Äthylencopolymere Erf.: *S. M. Samojlov* u. 3 weitere. A. 1. 4. 70, B. 28. 8. 73. Int. Kl.: C 08f 15/02. A.-Z.: 1419532/23 – 5.

USP 3718632. Kontinuierliches Verfahren zur Herstellung von Äthylencopolymeren. Erf.: *Irwin J. Gardner* u. *Charles Cozewith*. Inh.: Esso Research and Engineering Co. A. 19. 10. 70, B. 27. 2. 73. Kl.: 260-80,78, Int. Kl.: C 08f 15/40. 11 Anspr. A.-Z.: 81895. Entspr. FRP 2111507.

USP 3748316. Funktionelle substituierte Terpolymere und Tetrapolymere von α-Olefinen und Verfahren zur Herstellung. Erf.: *John Wilfred Collette*, *Ro Rolland Shih-Yuan* u. *Fred Max Sonnenberg*. Inh.: E. I. du Pont de Nemours and Co., Wilmington, Del. A. 2. 6. 69, B. 24. 7. 73. Kl.: 260-80,75, Int. Kl.: C 08f 15/40, 27/10. 2 Anspr. A.-Z.: 829758. Entspr. DTO 2026189.

DTO 2211937. Verfahren zur Regelung des Molekulargewichtes bei der Herstellung von Mischpolymerisaten des alpha-Methylstyrols bei dessen Polymerisation in Gegenwart von lithiumorganischen Verbindungen. Erf.: *Wolfgang Kampf* u. *Heinrich Weber*. Anm.: Chemische Werke Hüls AG, 4370 Marl (DT). A. 11. 3. 72, B. 27. 9. 73. Kl.: 39b4, 19/00, Int. Kl.: C 08f 19/00. A.-Z.: P 2211937.

GBP 1328625. Verfahren zur Herstellung von Copolymeren. Inh.: Daicel Ltd. A. 26. 8. 71, B. 30. 8. 73. Kl.: C3.P, Int. Kl.: C 08f 1/11, 19/18. A.-Z.: 40045/71. Prior.: 28. 8. 70 (JA; A.-Z.: 75409). Entspr. DTO 2142617 u. FRP 2106123.

DTO 2211410. Verfahren zur Herstellung von vernetzten, acetonunlöslichen, bei Temperaturen oberhalb 80 °C fließfähigen und verformbaren Polyestern. Erf.: *William Joseph Heilman.* Anm.: Gulf Research & Development Co., Pittsburgh, Pa. (US). A. 9. 3. 72, B. 13. 9. 73. Kl.: 39b4, 27/12, Int. Kl.: C 08f 27/12. A.-Z.: P 2211410.

CHP 540956. Verfahren zur Herstellung von oberflächlich durch aufgepfropftes Polymerisat modifiziertem Polymermaterial. Erf.: *Geoffrey William Tregear, Hendrik Adriaan Jacobus Battaerd, Gunter Anton Lang, Kevin John Catt* u. *Hugh David Niall.* Inh.: ICI Australia Ltd., 1 Nicholson Street, Melbourne, Victoria (AU). A. 26. 4. 67, Int. Kl.: C 08j 1/00, C 08f 1/16, 27/00, C 08h 1/00. A.-Z.: 5929/67. Prior.: 26. 4. 66, 30. 12. 66 (AU; A.-Z.: 4671/66, 16002/66). Entspr. DTO 1720955 u. FRP 1544668.

JAP 7328092. Pfropfen von Polyolefinen. Erf.: *Masahiko Oomori* u. *Tadao Iwata.* Inh.: Mitsui Petrochemical Industries, Ltd. A. 16. 8. 71, B. 13. 4. 73. Kl.: 26(3) E 11. A.-Z.: 7161660.

USP 3723404. Chlornitrosylierte Polymere und Verfahren zu ihrer Herstellung. Erf.: *Pauls Davis* u. *Herwart C. Vogt.* Inh.: Basf Wyandotte Corp., Wyandotte, Mich. A. 21. 1. 70, B. 27. 3. 73. Kl.: 260-94,9 GB, Int. Kl.: C 08f 27/02, 27/08, 27/00, 27/03, C 08d 5/04. 10 Anspr. A.-Z.: 4756. Entspr. DTO 2062737.

DTO 2213397. Stabilisierte flammfeste thermoplastische Mischung. Erf.: *James Seward Dix* u. *Ronald Dean Mathis.* Anm.: Phillips Petroleum Co., Bartlesville, Okla. (US). A. 20. 3. 72, B. 4. 10. 73. Kl.: 39b4, 29/12, Int. Kl.: C 08f 29/12. A.-Z.: P 2213397.

USP 3717689. Verfahren zum Verbessern der antistatischen Eigenschaften von hydrophoben synthetischen Fasern. Erf.: *Horoyoshi Tanaka, Hiroshi Aotani, Masaharu Shimamura* u. *Kazuo Yuki.* Inh.: Toray Industries, Inc., Tokio (JA). A. 20. 9. 71, B. 23. 2. 73. Kl.: 260-898, Int. Kl.: C 08f 29/56. 14 Anspr. A.-Z.: 182172 (Zus. z. Pat. m. A.-Z.: 812418 .A. Y+ 29/56. 14 Anspr. A.-Z.: 182172 (Zus. z. Pat. m. A.-Z.: 812418. A. 1. 4. 69). Prior.: 3. 4. 68, 1. 10. 68 (JA; A.-Z.: 43/21420, 43/70817). Entspr. DTO 1917410.

USP 3718716. Acrylfaser und Verfahren zu deren Herstellung. Erf.: *Yasushi Joh* u. *Koji Mimura.* Inh.: Mitsubishi Rayon Co. Ltd., Tokio (JA). A. 11. 12. 70, B. 27. 2. 73. Kl.: 260-898, Int. Kl.: C 08f 29/56. 8 Anspr. A.-Z.: 97330. Prior.: 11. 12. 69, 31. 3. 70 (JA; A.-Z.: 44/99728, 45/26553). Entspr. DTO 2061213 u. FRP 2073674.

USP 1723376. Aerosol-Textilschlichteprodukt und Verfahren. Erf. u. Inh.: *Roger C. Steinhauer*, 291 Dogwood, Park Forest, III. 60466; *Leonhard A. Falevitch*, 5932 Peck Ave., La Grange, Ill. 60525 u. *David R. Church*, 188 Dogwood, Park Forest, Ill. 60466. A. 5. 10. 70, B. 27. 3. 73. Kl.: 260-29,6 HN, Int. Kl.: C 08f 33/04, 33/08. 12 Anspr. A.-Z.: 77968.

CHP 540945. Verwendung von Bis-salicyloylhydrazinen als Stabilisatoren für Polyolefine. Erf.: *Heimo Brunetti* u. *Kurt Schwarzenbach.* Inh.: Ciba-Geigy AG, Basel. A. 8. 10. 70, Int. Kl.: C 08f 45/60. A.-Z.: 14967/70. Entspr. OEP 309827.

GBP 1326057. Stabilisatoren für Vinylchloridharze. Inh.: Interstab Ltd. A. 2. 10. 70, B. 8. 8. 73. Kl.: C3.P, Int. Kl.: C 08f 45/62, 29/18. A.-Z.: 46/923/70. Entspr. DTO 2149323.

SUP 395414 (Urheberschein). Stabilisierte Polyäthylenkomposition. Erf.: *A. M. Kuliev*, u. 5 weitere. Anm.: Institut chimii prisadok AN Azerbajdžanskoj SSR. A. 1. 12. 70, B. 28. 8. 73. Int. Kl.: C 08f 45/62. A.-Z.: 1496151/23 – 5.

USP 3715333. Polyvinylchloridstabilisierung mit Mischungen von Zinnsalzen. Erf.: *William A. Larkin.* Inh.: M & T Chemicals Inc., New York, N. Y. A. 13. 11. 69, B. 6. 2. 73. Kl.: 260-45,75 R, Int. Kl.: C 08f 45/62. 6 Anspr. A.-Z.: 876599.

USP 3717609. Flammfeste Polymere. Erf.: *Abraham Kutner.* Inh.: Hercules Inc., Wilmington, Del. A. 6. 5. 71, B. 23. 2. 73. Kl.: 260-45,75 K, Int. Kl.: C 08f 45/62. 3 Anspr. A.-Z.: 140949.

USP 3723378. Verfahren zur Herstellung von weichgemachten Polymergranulaten, die Acrylnitril als Hauptkomponente enthalten. Erf.: *Masatoshi Yoshida* u. *Minoru Hirai.* Inh.: Toho Beslon Kabushiki Kaisha, Tokio (JA). A. 24. 8. 71, B. 27. 3. 73. Kl.: 260-30,8 DS, Int. Kl.: C 08f 45/28, 45/46. 8 Anspr. A.-Z.: 174330. Prior.: 3. 3. 71 (JA; A.-Z.: 46/11165). Entspr. DTO 2146751.

USP 3723383. Neue flammfeste Stoffkompositionen. Erf.: *Henryk A. Cyba.* Inh.: Universal Oil Products Co., Des Plaines, Ill. A. 26. 7. 71, B. 27. 3. 73. Kl.: 260-41 B, Int. Kl.: C 08f 45/04, 45/58. 3 Anspr. A.-Z.: 166242.

DTO 2214410. Verfahren zur Herstellung eines redispergierbaren Vinylacetat/Äthylen-Polymerdispersionspulvers. Erf.: *Klaus Matschke, Karl-Josef Rauterkus, Detlev Seip* u. *Wolfgang Zimmermann.* Anm.: Farbwerke Hoechst AG vorm. Meister Lucius & Brüning, 6000 Frankfurt (DT). A. 24. 3. 72, B. 4. 10. 73. Kl.: 39b4, 47/02, Int. Kl.: C 08f 47/02. A.-Z.: P 2214410.

C 08g. Polykondensations- und Polyadditionsprodukte

CSP 150191. Verfahren zur Herstellung wärmestabiler Trioxan-Copolymerer. Erf.: *Stanislaw Penczek, Jerzy Fejgin, Maria Tomaszewicz* u. *Wanda Sadowska.* A. 12. 5. 67, B. 15. 12. 72. Kl.: 39c, 30, Int. Kl.: C 08g 1/00. A.-Z.: 3449/67. Prior.: 13. 5. 66 (PO; A.-Z.: 114555). Entspr. DLP 65316, CHP 488754, GBP 1167633 u. USP 3501438.

SUP 394396 (Urheberschein). Herstellungsverfahren für hochmolekulares Polyoxymethylen. Erf.: *E. A. Milickova* u. *G. V. Parachina.* A. 8. 7. 71, B. 22. 8. 73. Int. Kl.: C 08g 1/20. A.-Z.: 1679921/23 – 5.

USP 3716521. Fasern aus veräthertcn oder veresterten Phenolharzen und deren Herstellung. Erf.: *James Economy, Francis J. Frechette* u. *Luis C. Wohrer.* Inh.: The Carborundum Co., Niagara Falls, N. Y. A. 31. 3. 71, B. 13. 2. 73. Kl.: 260-59, Int. Kl.: C 08g 5/18. 24 Anspr. A.-Z.: 130017. Entspr. DTO 2214281 u. FRP 2132246.

CSP 150480. Verfahren zur Reinigung von Ketonharzen. Erf.: *Antonin Kocián.* Inh.: Spolek pro chemickou a hutni vyrobu, n.p., Usti nad Labem. A. 30. 5. 68, B. 31. 1. 73. Kl.: 39c, 18, Int. Kl.: C 08g 15/00. A.-Z.: 3964/68.

DTO 2213259. Verfahren zur Herstellung von Polyestern des 1,4-Butandiols. Erf.: *Hans Melin* u. *Gerhard Schade.* Anm.: Dynamit Nobel AG, 5210 Troisdorf (DT). A. 18. 3. 72, B. 20. 9. 73. Kl.: 39b5, 17/01, Int. Kl.: C 08g 17/01. A.-Z.: P 2213259.

CHP 540948. Verfahren zur Herstellung von Polyesterpolyolen. Erf.: *Fritz Hostettler* u. *Frank G. Lombardi.* Inh.: Inter-Polymer Research Corp., 375 – 379 Broadway, Passaic, N. J. (US). A. 22. 5. 69. Int. Kl.: C 08g 17/02, 22/10. A.-Z.: 798/72 (Zus. z. Pat. m. A.-Z.: 7815/69, CHP 518994.

JAP 7234893. Polyester mit gutem Weißgrad. Erf.: *Kazuya Chimura, Kazuo Ito, Shunichi Takashima, Yoshihiro Shimoshinbara* u. *Mizuo Shindo.* Inh.: Mitsubishi Rayon Co. Ltd. A. 12. 4. 71, B. 22. 11. 72. Kl. 26(5) D 12. A.-Z.: 7122913.

JAP 7235090. Polyester mit verbesserter Anfärbbarkeit. Erf.: *Koji Ono* u. *Masao Mizuno.* Inh.: Kuraray Co. Ltd. A. 17. 4. 71, B. 24. 11. 72. Kl.: 26(5) D 122. A.-Z.: 7124694.

JAP 7312387. Polyester mit gutem Weißgrad. Erf.: *Takaakira Tsuji.* Inh.: Kuraray Co. Ltd. A. 24. 6. 71, B. 16. 2. 73.-Kl.: 26(5) D 12, 26(5) D 101.1, 16 C 613. A.-Z.: 7145937.

USP 3718621. Verfahren zur Polymerisation im festen Zustand. Erf.: *Warren K. Wilson.* Inh.: The Goodyear Tire & Rubber Co., Akron, Ohio. A. 17. 9. 69, B. 27. 2. 73. Kl.: 260-75 M, Int. Kl.: C 08g 17/01. 2 Anspr. A.-Z.: 858876. Entspr. DTO 2041018, OEP 311675, FRP 2061754 u. GBP 1301729.

USP 3720649. Verfahren zur Herstellung von Polyestern aus Benzoldicarbonsäure und Alkylenoxid. Erf.: *Nobuo Izawa, Yasuhiro Iizuka* u. *Yoshiaki Kubota.* Inh.: Kanegafuchi Boseki Kabushiki Kaisha, Tokio (JA). A. 1. 12. 70, B. 13. 3. 73. Kl.: 260-75 M, Int. Kl.: C 08g 17/7. 9 Anspr. A.-Z.: 94165. Prior.: 8. 12. 69, 26. 12. 69 (JA; A.-Z.: 44/98775, 45/1232, 45/1233). A.-Z.: 1232 u. 1233 entspr. GBP 1313678. Entspr. DTO 2060421 u. FRP 2070766.

USP 3744688. Verfahren zum kontinuierlichen Trocknen und Kristallisieren von Polyestern. Erf.: *Eugene E. Berkau.* Inh.: Monsanto Co., St. Louis, Mo. A. 4. 8. 71, B. 17. 7. 73. Kl.: 260-75 T, Int. Kl.: C 08g 17/003, 22/10. 5 Anspr. A.-Z.: 169125.

USP 3749697. Polyäthylenterephthalat-Polyester mit niedrigerem Diäthylenglykolgehalt. Erf.: *Kenneth T. Barkey.* Inh.: Eastman Kodak Co., Rochester, N. Y. A. 2. 12. 71, B. 31. 7. 73. Kl.: 260-75 R, Int. Kl.: C 10g 17/013. A.-Z.: 204365. 5 Anspr. Entspr. FRP 2162222.

DTO 2065476. Copolyamidbenzimidazole sowie Verfahren zu deren Herstellung. Erf. nicht genannt. Anm.: Teijin Ltd., Osaka (JA). A. 28. 1. 70, B. 4. 10. 73. Kl.: 39b5, 20/38, Int. Kl.: C 08g 20/38. A.-Z.: P 2065476 (ausgesch. aus Anm. m. A.-Z.: P 2003838). Prior.: 28. 1. 69 (JA; A.-Z.: 6089/69). Entspr. FRP 2029578 u. GBP 1288871.

FRP 2164733 (B). Lineare Polyamide sowie deren Herstellungsverfahren. Erf.: *Luigi Polo Friz, Giuseppe Anzuino* u. *Domenico Schiattarella.* Inh.: Montedison Fibre S.p.A. u. Chatillon Soc. An. Italiana per le Fibre Tessili Artificiali S.p.A. A. 20. 12. 72, B. 7. 9. 73. Int. Kl.: C 08g 20/00, 53/00. A.-Z.: 7245408. Prior.: 22. 12. 71 (IT; A.-Z.: 32768 A/71, 32769 A/71). Entspr. DTO 2262319.

JAP 7300993. Herstellung von Polyamiden. Erf.: *Yutaka Fujita* u. *Keiichi Moriyama.* Inh.: Teijin Ltd. A. 28. 5. 71, B. 9. 1. 73. Kl.: 26(5) E 12, 26(5) E 112,26 (5) E 01. A.-Z.: 7136776.

USP 3748312. Thermisch härtbare Hydrazidpolymere. Erf.: *Eugene A. Burns, Palos Verdes Peninsula* u. *Robert J. Jones.* Inh.: TRW Inc., Redondo Beach, Calif. A. 3. 4. 72, B. 24. 7. 73. Kl.: 260-78,4, R, Int. Kl.: C 08g 20/00, 20/32, 20/38. 15 Anspr. A.-Z.: 240799.

USP 3718625. Verfahren zur Herstellung eines Polyacyloxalamidrazons. Erf.: *Michael Wallrabenstein, Albert Schopf* u. *Dieter Frank.* Inh.: Glanzstoff AG, Wuppertal (DT). A. 5. 10. 70, B. 27. 2. 73. Kl.: 260-78 TF, Int. Kl.: C 08g 20/20, 20/22. 11 Anspr. A.-Z.: 78301.

USP 3746691 (ausgesch. aus Pat. 3682948. A. 16. 6. 69, B. 8. 8. 72. A.-Z.: 834612). Schwefelhaltige Polymere aus 2-Oxazolin und Oxazinmonomeren. Erf.: *Donald A. Tomalia* u. *Yancey J. Dickert.* Inh.: The Dow Chemical Co., Midland, Mich. A. 18. 10. 71, B. 17. 7. 73. Kl.: 260-77,5 R, Int. Kl.: C 08g 20/00, 20/04. 2 Anspr. A.-Z.: 189828.

USP 3746693. System und Verfahren zur Verfahrenskontrolle bei der Polykondensation. Erf.: *Kashmiri L. Gupta.* Inh.: E. I. du Pont de Nemours and Co., Wilmington, Del. A. 26. 2. 71, B. 17. 7. 73. Kl.: 260-78 R, Int. Kl.: C 08g 20/00. 2 Anspr. A.-Z.: 119360 (Zus. z. Pat. m. A.-Z.: 768228. A. 17. 10. 68). Prior.: 8. 5. 68 (CA; A.-Z.: 19516).

CSP 150389. Verfahren zur Stabilisierung von thermoplastischen Polyurethanen. Erf.: *Frantisek Hadobás* u. *Zdenek Janík.* Inh.: Výzkumný ústav gumárenské a plastikařske technologie, Gottwaldow. A. 18. 9. 70, B. 15. 12. 72. Kl.: 39c, 6, Int. Kl.: C 08g 22/04. A.-Z.: 6379/70.

USP 3711440. Aus Polyester, organischen Diisocyanaten aus Bis-(β-hydroxyäthoxy-phenyl)-methan hergestellte Polyurethane. Erf.: *David H. Chadwick.* Inh.: Mobay Chemical Co., Pittsburgh, Pa. A. 24. 2. 71, B. 16. 1. 73. Kl.: 260-47 CB, Int. Kl.: C 08g 22/10. 5 Anspr. A.-Z.: 118504. Entspr. DTO 2207142 u. FRP 2126400.

DTO 2210856. Verfahren zur Reinigung von Polyoxyalkylenätherpolyolen. Erf.: *Joseph Francis Louvar* u. *Newlin Sheppard Nichols.* Anm.: Marles-Kuhlmann-Wyandotte, Paris (FR). A. 7. 3. 72, B. 20. 9. 73. Kl.: 39b5, 23/00, Int. Kl.: C 08g 23/00. A.-Z.: P 2210856.

DTA 2232419. Verfahren zur Herstellung von mit Polysiloxanblöcken modifizierten gesättigten Polyestern. Erf.: *Götz Koerner* u. *Vaclav Kropac.* Anm.: Goldschmidt Th. AG, 4300 Essen (DT). A. 1. 7. 72, B. 20. 9. 73. Kl.: 39b5, 31/06, Int. Kl.: C 08g 33/06. A.-Z.: P 2232419.

USP 3748298. Aromatische Oxalsäure-Polyhydrazide und Lösungen davon. Erf.: *Frank Dobinson* u. *Chris A. Pelezo.* Inh.: Monsanto Co., St. Louis, Mo. A. 29. 9. 71, B. 24. 7. 73. Kl.: 260-32,6 NA, Int. Kl.: C 08g 33/04, 51/44. 8 Anspr. A.-Z.: 184911. Entspr. DTO 2247567 u. FRP 2153120.

DTO 2210825. Verfahren zur permanent-antistatischen Ausrüstung von Formkörpern aus linearen kristallisierbaren Polyestern. Erf.: *Jörn Rüter* u. *Roland Feinauer.* Anm.: Chemische Werke Hüls AG, 4370 Marl (DT). A. 7. 3. 72, B. 13. 9. 73. Kl.: 39b5, 39/00, Int. Kl.: C 08g 39/00. A.-Z.: P 2210825 (Zus. z. Anm. m. A.-Z.: P 1921527, DTO 1921527.

FRP 2164530 (B). Neue Kompositionen auf der Grundlage von Polyestern mit guter Farbstoffaffinität sowie Verfahren zu deren Herstellung. Eef.: *Yves Vacinay.* Inh.: Rhône-Poulenc Textile. A. 23. 12. 71, B. 7. 9. 73. Int. Kl.: C 08g 39/00, 17/00, D 01f 7/00, D 06p 3/00. A.-Z.: 7146680. Entspr. DTO 2263189.

JAP 7319696. Hydrophile Copolyesterelastomere. Erf.: *Yukinori Hasegawa* u. *Takahisa Minami.* Inh.: Toyobo Co. Ltd. A. 21. 7. 71, B. 12. 3. 73. Kl.: 26(5) D 122. A.-Z.: 7154106.

CHP 540954. Stabilisatorsystem für Polyamide. Erf.: *Helmut Linhart* u. *Helmut Müller.* Inh.: Ciba-Geigy AG, Basel. A. 7. 12. 70, Int. Kl.: C 08g 51/54, B 01j 1/22. A.-Z.: 18131/70. Entspr. DTO 2158015 u. FRP 2116574.

USP 3720638. Kompositionen von anionisch polymerisiertem Polycaprolactam, weichgemacht mit Hexamethylphosphortriamid. Erf.: *John M. Kolyer* u. *Albert A. Kveglis.* Inh.: Allied Chemical Corp., New York, N. Y. A. 24. 2. 69, B. 13. 3. 73. Kl.: 260-30,6 R, Int. Kl.: C 08g 51/50. 6 Anspr. A.-Z.: 801391. Entspr. DTO 2008117 u. GBP 1238430.

USP 3748299. Lösungen von Poly-o-phenylenterephthalamid in phosphororganischen Lösungsmitteln. Erf.: *Michael Theodore Waroblak.* Inh.: E. I. du Pont de Nemours and Co., Wilmington, Del. A. 26. 7. 72, B. 24. 7. 73. Kl.: 260-32,6 NA, Int. Kl.: C 08g 51/44, 51/46, 51/50. 3 Anspr. A.-Z.: 277277. Vgl. auch USP 3294756.

C 08k. Zusatzstoffe für allgemeine Anwendung

USP 3716516 (Zus. z. Pat. 3661937. A. 30. 10. 68. A.-Z.: 772045 u. Pat. 3452083. A. 3. 11. 64. A.-Z.: 408673). Feuerhemmende Kompositionen. Erf. u. Inh.: *Robert A. Dombro*, Ten UOP Plaza, Algonquin & Mt. Prospect Roads, Des Plaines, Ill. A. 8. 11. 71, B. 13. 2. 73. Kl.: 260-45,8 A, Int. Kl.: C 08f 45/100, C 08g 51/100. 11 Anspr. A.-Z.: 196774. Vgl. auch USP 3209589. Entspr. DTO 1473526, DTO 1473530, CHP 409460 u. GBP 1006754.

USP 3743623 (ausgesch. aus Pat. 3637809. A. 5. 7. 68, B. 25. 1. 72. A.-Z.: 742701). Sterisch gehinderte Phenolester mit Thiobernsteinsäure als Stabilisatoren für Polymere. Erf.: *Eduard K. Kleiner*. Inh.: Ciba-Geigy Corp., Ardsley, N. Y. A. 20. 8. 70, B. 3. 7. 73. Kl.: 260-45,85 S, Int. Kl.: C 08f 45/58, C 08g 51/58. 9 Anspr. A.-Z.: 65694. A.-Z.: 742701 entspr. GBP 1226897.

Sektion D. Textilien und Papier

TEXTILIEN

D 01. Natürliche oder künstliche Fäden oder Fasern; Spinnen

D 01d. Mechanische Verfahren und Vorrichtungen für die Herstellung von künstlichen Fäden, Gespinsten, Fasern, Borsten oder Bändern

GBP 1328090. Faserstoffe aus füllstoffhaltigen Filmen und Verfahren zu ihrer Herstellung. Inh.: Shell Internationale Research Maatschappij N. V. A. 23. 12. 70, B. 30. 8. 73. Kl.: C3.P, B5.B, D2.B, Int. Kl.: C 08f 47/00, D 01d 5/00. A.-Z.: 63034/69. Entspr. DTO 2063933, CHP 525302 u. FRP 2074347.

USP 3715421. Verfahren zur Herstellung von Polyäthylenterephthalatfäden. Erf.: *Horst G. Martin, Bernhard Glutz* u. *Hans Linz*. Inh.: Société de la Viscose Suisse, Emmenbrücke (CH). A. 15. 4. 70, B. 6. 2. 73. Kl.: 264-130, Int. Kl.: B 29f 3/00, D 01d 5/08, 5/12. 13 Anspr. A.-Z.: 28821. Entspr. DTO 2118316.

FRP 2162727 (B). Verfahren und Vorrichtung zur Lagerung textiler Fäden. Inh.: Corbiere, Claude. A. 29. 11. 71, B. 24. 8. 73. Int. Kl.: D 01d 7/00. A.-Z.: 7142787. Entspr. DTO 2258109.

D 01f. Chemische Gesichtspunkte bei der Herstellung von künstlichen Fäden, Gespinsten, Fasern, Borsten oder Bändern

GBP 1325719. Durch zeitweilige, potentielle Klebemittel gebundene Faserstrukturen. Inh.: Imperial Chemical Industries Ltd. A. 23. 12. 70, B. 8. 8. 73. Kl.: D1.F, Int. Kl.: D 01f 1/00, D 01d 7/06, 5/10, 5/18, D 04h 3/14. A.-Z.: 61169/70.

JAP 7216725. Aktivkohle enthaltende absorbierende Polyvinylalkoholfaserstoffe. Erf.: *Susumu Kosaka* u. *Nobuo Yasuhira*. Inh.: Kuraray Co., Ltd. A. 22. 1. 71, B. 4. 9. 72. Kl.: 42 D 22, 42 D 0, 35(1) C 13. A.-Z.: 712127. Vgl. auch JAP 7216724.

CSP 151013. Verfahren zum Färben von synthetischen linearen Polyamiden in Masse. Erf.: *Arthur Bühler* u. *Felix Steinlin*. A. 3. 4. 70, B. 22. 2. 73. Kl.: 29b, 3/60, Int. Kl.: D 01f 1/06. A.-Z.: 2202/70. Prior.: 3. 4. 69 (CH; A.-Z.: 5191/69, CHP 508005). Entspr. DLP 83221, DTO 2014243, FRP 2042082 u. GBP 1266674.

GBP 1329615. Verfahren zur Herstellung eines nichtgewebten fasrigen Produkts. Inh.: Mitsubishi Rayon Co. Ltd. A. 1. 9. 70, B. 12. 9. 73. Kl.: D2.B, B5.B, D1.P, D1.T, D2.A. Int. Kl.: D 04h 1/06, D 06m 1/00, D 07b 1/02, D 01f 3/10, 3/12, 3/14, 3/28. A.-Z.: 41728/70. Prior.: 12. 9. 69, 13. 9. 69, 27. 2. 70 (JA; A.-Z.: 72377, 72887, 16735). Entspr. DTO 2045118.

CSP 151144. Zweikomponentenfasern, Gewirke, Gewebe und ähnliche Gebilde mit Zweifarbeneffekt. Erf.: *Ivan Kollár, Irena Pechárová, Andrej Senderák* u. *Václav Jančařík*. Inh.: Výskumný ustav chemickych vlákien, Svit. A. 2. 3. 71, B. 20. 11. 72. Kl.: 29b, 3/30, Int. Kl.: D 01f 3/36. A.-Z.: 1537/71.

FRP 1605243. Verfahren zur Herstellung von Polypivalolacton-Faserstoffen. Erf.: *Tohru Kitazawa* u. *Hiroshi Maeda*. Inh.: Kanegafuchi Boseki Kabushiki Kaisha. A. 2. 5. 67, B. 7. 9. 73. Int. Kl.: D 01f. A.-Z.: 104922. Prior.: 2. 5. 66, 23. 8. 66 (JA; A.-Z.: 28082/1966, JAP 7117299 u. A.-Z.: 55425/1966, JAP 7748/69). Entspr. DTO 1660437 u. GBP 1174311.

JAP 7219121. Pillbeständige Acrylfaserstoffe. Erf.: *Hiroshi Aotani, Eiichi Tsushio* u. *Shuntaro Hosaka*. Inh.: Toray Industries, Inc. A. 8. 2. 71, B. 20. 9. 72. Kl.: 42 D 24. A.-Z.: 714723.

JAP 7220414. Polyamidfaserstoffe mit hohem Modul. Erf..: *Yoshizo Tsuda, Tomohiko Asahara* u. *Seiichi Yoshikawa*. Inh.: Toray Industries, Inc. A. 22. 2. 71, B. 29. 9. 72. Kl.: 42 D 11. A.-Z.: 718021.

JAP 7306020. Gleichmäßig anfärbbare glänzende Acrylfaserstoffe. Erf.: *Keijiro Kuratani, Keitaro Fukushima* u. *Yoshinori Nosaka*. Inh.: Japan Exlan Co. Ltd. A. 8. 6. 71, B. 25. 1. 73. Kl.: 42 D 24. A.-Z.: 7140294.

JAP 7308867. Polyesterfaserstoffe mit verbesserter Anfärbbarkeit mit ionischen Farbstoffen. Erf.: *Kazuya Chimura, Hiroshi Iwata, Yasuo Nakamura* u. *Mitsuaki Shiotsuki*. Inh.: Mitsubishi Rayon Co. Ltd. A. 14. 6. 71, B. 3. 2. 73. Kl.: 25(1) D 328.2, 25(1) D 48. A.-Z.: 7141649.

JAP 7315957. Wärmebeständige antistatische Polyamidfaserstoffe. Erf.: *Yutaka Fujita, Ichisuke Yamamoto, Takao Ashida, Keiichi Moriyama* u. *Eiichi Hashimoto*. Inh.: Teijin Ltd. A. 5. 7. 71, B. 28. 2. 73. Kl.: 25(1) D 41, 25(1) A 251,14. A.-Z.: 7149445.

JAP 7328721. Flammfeste, anfärbbare Polyvinylalkohol/Polyvinylchlorid-Mischfaserstoffe. Erf.: *Tadao Ashikaga, Akio Ohmori* u. *Masashi Ando*. Inh.: Kuraray Co. Ltd. A. 19. 8. 71, B. 16. 4. 73. Kl.: 42 D 22, 42 D 231, 25(1) C 13. A.-Z.: 7163217.

JAP 7335119. Verhinderung des Verklebens der Fäden während des Verspinnens von Poly(γ-methylglutamat). Erf.: *Hisao Okada, Koichi Orii, Takeharu Ohtani* u. *Hiroshi Kado*. Inh.: Mitsubishi Rayon Co. Ltd. A. 6. 9. 71, B. 23. 5. 73. Kl.: 42 D 11. A.-Z.: 7168700.

CSP 150271. Verfahren zur Herstellung von Fasern aus isotaktischem Polypropylen. Erf.: *Benito Beghelli* u. *Pierpaolo Camprincoli*. A. 4. 7. 69, B. 15. 12. 72. Kl.: 29b, 3/60, Int. Kl.: D 01f 7/04. A.-Z.: 4778/69. Prior.: 4. 7. 68 (IT; A.-Z.: 18563 A/68). Entspr. DTO 1933708 u. FRP 2014506.

D 02. Garne; mechanische Veredlung von Garnen oder Seilen; Schären oder Bäumen

D 02g. Kräuseln oder Krimpfen (Texturieren) von Fasern, Fäden, Zwirnen oder Garnen; Garne oder Zwirne

DTO 2211395. Verfahren zum Herstellen von dreidimensional gekräuselten Fäden und Fasern. Erf.: *Karl Heinrich* u. *Richard Seitz*. Anm.: Farbwerke Hoechst AG vorm. Meister Lucius & Brüning, 6000 Frankfurt (DT). A. 9. 3. 72, B. 20. 9. 73. Kl.: 29a, 6/20, Int. Kl.: D 02g 1/20. A.-Z.: P 2211395. Entspr. CHP 530479.

DTO 2213147. Falschdrallvorrichtung. Erf.: *Friedrich Schuster, Max Thielemann* u. *Otto Lang*. Anm.: Kugelfischer Georg Schäfer & Co. 8720 Schweinfurt (DT). A. 17. 3. 72, B. 4. 10. 73. Kl.: 29a, 6/20, Int. Kl.: D 02g 1/08. A.-Z.: P 2213147.

DTO 2310740. Fasern aus Polymeren des Acrylnitrils mit einer natürlichen Kräuselung und Verfahren zu deren Herstellung. Erf.: *Henri Albert Mommaerts*. Anm.: Akzo GmbH, 5600 Wuppertal (DT). A. 3. 3. 73, B. 20. 9. 73. Kl.: 29a, 6/20, Int. Kl.: D 02g 1/00. A.-Z.: P 2310740. Prior.: 7. 3. 72 (NL; A.-Z.: 7203038).

JAP 7328716. Kräuseln von Polyesterfäden. Erf.: *Takeshi Konishi* u. *Yoshikata Ohno*. Inh.: Kuraray Co. Ltd. A. 19. 8. 71, B. 16. 4. 73. Kl.: 42 D 12. A.-Z.: 7163219. Entspr. DTO 2240742 u. FRP 2149572.

USP 3745618 (Teil v. Pat. 3672012. A. 30. 7. 70. A.-Z.: 59506). Verfahren zum Texturieren von Garnen und ähnlichen Materialien. Erf. u. Inh.: *Glenn A. Burklund*, 3903 Carolyn Ave., Fairfax, Va. A. 23. 3. 72, B. 17. 7. 73. Kl.: 28-72,1, Int. Kl.: D 02g 1/00. 7 Anspr. A.-Z.: 237291. Vgl. auch USP 3210301.

USP 3716981. Verfahren zur Herstellung von Leinengarn und durch Anwendung dieses Verfahrens erhaltenes Leinengarn. Erf.: *Cornelis Bok*. Inh.: Nederlandse Organisatie Voor Tolgepast Natuurwetenschappelijk Onderzoek Ten Behoeve Van Nijverheid Handel En Verkeer, Den Haag (NL). A. 23. 4. 71, B. 20. 2. 73. Kl.: 57-139, Int. Kl.: D 02g 3/40. 5 Anspr. A.-Z.: 136724. Prior.: 28. 4. 70 (NL; A.-Z.: 7006240).

D 02j. Veredeln oder Ausrüsten von Fäden, Garnen, Zwirnen, Schnüren, Seilen od. dgl.

DTO 2210272. Streck- oder Schrumpfeinrichtung. Erf.: *Erich Bucher*. Anm.: Zinser Textilmaschinen GmbH, 7333 Ebersbach (DT). A. 3. 3. 72, B. 13. 9. 73. Kl.: 29a, 6/31, Int. Kl.: D 02j 1/22. A.-Z.: P 2210272.

JAP 7313620. Polyestermultifile mit guter Verarbeitbarkeit und potentieller Bauschigkeit. Erf.: *Tadayuki Yamane* u. *Yutaka Hirano*. Inh.: Kuraray Co. Ltd. A. 30. 6. 71, B. 21. 2. 73. Kl.: 42 D 12. A.-Z.: 7148321. Entspr. DTO 2232251 u. FRP 2143958.

JAP 7328724. Wärmebehandlung von Acrylfäden. Erf.: *Fumio Kida*. Inh.: Toyobo Co. Ltd. A. 24. 8. 71, B. 16. 4. 73. Kl.: 42 D 24. A.-Z.: 7164526.

PAPIER

D 21. Papierherstellung; Gewinnung von Cellulose bzw. Zellstoff

D 21c. Gewinnung von Cellulose durch Abscheiden nichtcelluloseartiger Substanzen von cellulosehaltigen Stoffen; Wiedergewinnung der Zellstoffablaugen; Vorrichtungen dafür

SWP 360128. Verfahren zum Bleichen von Zellstoff mit einem Sauerstoff enthaltenden Gas in Gegenwart von Alkali. Erf.: *H. O. Samuelson* u. *I. L.-A. Croon*. Inh.: Mo och Domsjö AB, Örnsköldsvik (SW). A. 25. 8. 70, B. 17. 9. 73. Int. Kl.: D 21c 9/10. A.-Z.: 11537/70. Entspr. DTO 2141757.

USP 3720577. Chlordioxid-Peressigsäure-Chlordioxid-Zellstoffbleiche. Erf. *Sunanda K. Roymoulik*. Inh.: International Paper Co., New York, N. Y. A. 25. 5. 70, B. 13. 3. 73. Kl.: 162-67, Int. Kl.: D 21c 9/14, 9/16. 11 Anspr. A.-Z.: 40403. Entspr. DTO 2124324 u. FRP 2093715.

D 21h. Karton, Papier; dessen Herstellung, soweit nicht durch D 21j erfaßt

JAP 7339703. Papier aus synthetischen Faserstoffen. Erf.: *Haruo Miyamoto, Hideho Uchida* u. *Masaru Uehara*. Inh.: Mitsubishi Rayon Co. Ltd. A. 16. 9. 71, B. 11. 6. 73. Kl.: 39 BO, 39 B1, 47 E2. A.-Z.: 7172061.

USP 3743570. Verfahren zur Herstellung eines Textilverbundstoffes aus einer Suspension von Polyolefinfasern und einem hydrophilen kolloidalen polymeren Zusatzstoff. Erf.: *Christian H. C. Yang* u. *William A. Kindler jr.* Inh.: Crown Zellerbach Corp., San Francisco, Calif. A. 3. 3. 71, B. 3. 7. 73. Kl.: 162-157 R, Int. Kl.: D 21h 5/12. 20 Anspr. A.-Z.: 120680. Entspr. DTO 2208555.

Sektion G. Physik

G 01. Messen; Prüfen

G 01n. Untersuchen der chemischen oder physikalischen Eigenschaften von Stoffen

SUP 395748 (Ueheberschein). Meßvorrichtung für Bestimmung der Polymerisatkennwerte. Erf.: *E. P. Pistun* u. 7 weitere. A. 22. 1. 72, B. 28. 8. 73. Int. Kl.: G 01n 11/04. A.-Z.: 1742283 - 23 - 5.

Literaturschau

Auszug aus Lieferung 1/1974 der Literaturschau „Faserstoffe und Textiltechnik", zusammengestellt von der Abteilung Information und Dokumentation des Instituts für Polymerenchemie der AdW der DDR, 153 Teltow-Seehof, Kantstr. 55

I. Polymerwissenschaft

Analyse- und Untersuchungsmethoden

Crane, L. W., Dynes, P. J., Kaelble, D. H.: Analyse der Härtungskinetik in Polymerverbundstoffen. J. Polymer Sci.: Polymer Letters Ed. **11** (1973) 8, S. 533–540.

Wirick, M. G., Elliott, J. H.: Eine Einpunkt-Methode zur Bestimmung der Intrinsic-Viskosität von Hydroxyäthylcellulose, Hydroxypropylcellulose und Natriumcarboxymethylcellulose. J. appl. Polymer Sci. **17** (1973) 9, S. 2867 - 2875.

Cooper, A. R.: Gelchromatographie: Beurteilung von porösem Glas als Säulenpackung für Lösungen niedermolekularer Substanzen. J. appl. Polymer Sci. **17** (1973) 9, S. 2707–2713.

Ausgangsstoffe, Monomere und Oligomere

Poller, S., Unger, A.: Quantitative Dünnschichtchromatographie wichtiger Monosaccharide. Faserforsch. u. Textiltechnik **24** (1973) 12, S. 513–520.

Vljazlo, R. I. Grivnak, L. M., Boldyrev, B. G., Vološin, G. A.: Synthese von blauen Aminoanthrachinonfarbstoffen, die zu einer Copolymerisation mit Vinylmonomeren fähig sind. Ž. prikl. Chimii (Z. angew. Chemie) **44** (1973) 10, S. 2356–2357.

Polymersynthesen

Irie, M., Tomimoto, S., Hayashi, K.: Photoinduzierte ionische Polymerisation. V. Koexistenz von kationischen und anionischen Polymerisationen. J. Polymer Sci.: Polymer Chem. Ed. **11** (1973) 8, S. 1859–1865.

Löhr, G.: Kinetik und Molekulargewichtsverteilung eines anionischen Polymerisationsprozesses mit momentanem Start bei simultanem Monomerabbruch. Makromol. Chemie **172** (1973) S. 151–160.

Marquardt, K., Mehnert, P.: Zum Mechanismus der Substanzpolymerisation von Methacrylnitril. Naturwiss. **60** (1973) 10, S. 476–477.

Matsuda, H.: Herstellung und Copolymerisation von zweiwertigen Metallsalzen von Äthylenglykol-Methacrylat-Maleat. J. appl. Polymer Sci. **17** (1973) 9, S. 2877–2889.

Yokota, K., Kaneko, N., Takada, Y.: Radikalische Polymerisation von Vinyl-o-isopropenylbenzoat. Kobunski Kagaku, Tokyo (Chem. High Polymers) **30** (1973) 340(8), S. 475–478. (jap.; engl. Zusammenfass.).

Manecke, G., Kautz, J.: Über die Synthese und die Eigenschaften einiger Mono-, Bis- und Poly-Azine aromatischer Heterocyclen. Makromol. Chemie **172** (1973) S. 1–18.

Goethals, E. J., Schacht, E. H.: Kationische Polymerisation von cyclischen Iminen. II. H-KMR-Untersuchung (300 Mhz) von Struktur und Konzentration des Kettenüberträgers bei der Polymerisation von 1,3,3-Trimethylacetidin. J. Polymer Sci.: Polymer Letters Ed. **11** (1973) 8, S. 497 bis 501.

Bertalan, G., Rothe, M.: Die kationische ε-Caprolactam-Polymerisation. 6. Amidin-Endgruppen bei der mit Caprolactam-hydrochlorid initierten Caprolactam-Polymerisation. Makromol. Chemie **172** (1973) S. 249–254.

Kurosaki, T., Shibata, T., Iwakura, Y.: Reaktionsfähige Polymere. 5. Synthese einer 2,3-Epoxypropyläthylmaleat/Fumarat-Mischung und ihre Copolymerisation mit Styrol und Äthylen. Makromol. Chemie **172** (1973) S. 97–106. (engl.).

Desnpande, A. B., Kale, S. M., Kapur, S. L.: Polymerisation von Styrol mit einem Chromacetylacetonat/Triisobutylaluminium-Katalysatorsystem. J. Polymer Sci.: Polymer Chem. Ed. (1973) 8, S. 2105–2109.

Arita, K., Stannett, V. T.: Polymerisation von Vinylchlorid in Gegenwart von Fällungsmitteln. II. J. Polymer Sci.: Polymer Chem. Ed. **11** (1973) 9, S. 2127–2142.

Polymermischungen und -kompositionen

Jinen, E., Suzuki, M.: Einfluß des Glasfasergehaltes auf die Zug-Kriech-Eigenschaften von glasfaserverstärkten Polyamid-6-Kunststoffen. Kobunshi Kagaku, Tokyo (Chem. High Polymers) **30** (1973) 340(8), S. 504 bis 511. (jap; engl. Zusammenfass.).

Vlasov, S. V., Sagalaer, G. V., Filatov, Ju. M., Maljutina, R. S., Libin, L. S.: Biaxial orientierte rauhe Folie aus Mischungen von Polyäthylenterephthalat und Polypropylen. Plast. Massy (Plast. Massen) (1973) 10, S. 50–52.

Chemische Umsetzungen an Polymeren

Hall, D. M., Horne, J. R.: Modellverbindungen an Cellulose: Ausschließlich an primären Hydroxylgruppen an C-6 substituierte Tritylâther. J. appl. Polymer Sci. **17** (1973) 9, S. 2891–2896.

Polymeranaloge Reaktionen

Miura, Y., Nakai, K., Kinoshita, M.: Stabile freie Radikale enthaltende Polymere. 5. Herstellung eines Polymeren mit Imidazolin-3-oxid-1-oxylgruppen. Makromol. Chemie **172** (1973) S. 233–236. (engl.).

Gipstein, E., Wellisch, E.: Hydroxypropylcellulose – die Reaktion von Alkalicellulose mit Propylenoxid. J. appl. Polymer Sci. **17** (1973) 9, S. 2783–2790.

Pfropfung

Migata, N., Sakata, I., Senju, R.: Änderung des Polymerisationsgrades und der Verzweigungsdichte von gepfropften Verzweigungen in Cellulose-Methylmethacrylat-Pfropfcopolymeren. J. Soc. Fiber Sci. Technol. Japan, Tokyo **29** (1973) 9, S. T405–T411. (jap.; engl. Zusammenfass.).

Maksimov, A. M., Vol'f, L. A., Meos, A. I., Byčkova, N. A.: Modifizierung von Polyvinylalkoholfaserstoff durch Pfropfcopolymerisation. Ž. prikl. Chimii (Z. angew. Chemie) **44** (1973) 10, S. 2346–2348.

Abbaureaktionen

Dollimore, D., Holt, B.: Thermischer Abbau von Cellulose in Stickstoff. J. Polymer Sci.: Polymer Physics Ed. **11** (1973) 9, S. 1703–1711.

Patterson, A., Sutton, G. J., Tighe, B. J.: Untersuchung des Abbaus von Poly-α-estern. III. Einfluß der β-Chlorierung auf den Polymerabbau. J. Polymer Sci.: Polymer Chem. Ed. **11** (1973) 9, S. 2343–2355.

Zimmermann, H., Becker, D.: Über den Einfluß von Diäthylenglykol und anderer Cokomponenten auf das thermooxydative Verhalten von Polyäthylenterephthalat. Faserforsch. u. Textiltechnik **24** (1973) 12, S. 479 bis 483.

Osawa, Z., Ishizuka, T.: Katalytische Wirkung von Metallsalzen bei der Autoxydation und Polymerisation. X. Einfluß verschiedener Metallstearate auf die thermische Oxydation von 2,6,10,14-Tetramthylpentadecan. J. appl. Polymer Sci. **17** (1973) 9, S. 2897–2907.

Razuvaev, G. A., Troickii, B. B., Chochlova, L. V., Dubova, Z. B. (Schreibw. i. Orig.: *Troitskii, B. B.*): Thermischer Abbau von Äthylen-Vinylacetat-Copolymeren. J. Polymer Sci.: Polymer Letters Ed. **11** (1973) 8, S. 521–523.

Morikawa, T., Amano, T.: Wirkungen und Einflüsse von Organoborverbindungen auf den thermischen Abbau von Polyvinylchlorid. Kobunski Kagaku, Tokyo (Chem. High Polymers) **30** (1973) 340(8), S. 479 bis 485. (jap.; engl. Zusammenfass.).

Physik und physikalische Chemie von Polymeren

Locke, C. E., Paul, D. R.: Modifizierung von Polyäthylen/Polystyrol-Mischungen durch Pfropfcopolymere. II. Eigenschaften von modifizierten Mischungen. J. appl. Polymer Sci. **17** (1973) 9, S. 2791–2800.

Polymere Festkörper

Gable, R. J., Vijayraghavan, N. V., Wallace, R. A.: Poly-4-vinylpyridin-Elektrete J. Polymer Sci.: Polymer Chem. Ed. **11** (1973) 9, S. 2387 bis 2389.

Chang, F. Y., Shen, M., Bell, A. T.: Einfluß von Oberflächenbehandlungen durch elektrische Entladungen auf die Diffusionscharakteristik von Polymeren. J. appl. Polymer Sci. **17** (1973) 9, S. 2915–2918.

Prud'homme, R. E., Stein, R. S.: Lichtstreuung von abgestumpften Sphärolithen. J. Polymer Sci.: Polymer Physics Ed. **11** (1973) 9, S. 1683–1701.

Matsumoto, K., Izumi, Y., Imamura, R.: Molekülorientierung und Orientierung der amorphen Ketten von durch einen Trockenprozeß hergestellten, biaxial gereckten Polyäthylenterephthalatfolien. J. Soc. Fiber Sci. Technol. Japan, Tokyo **29** (1973) 9, S. T377–T383. (jap.; engl. Zusammenfass.).

Kawaguchi, Y., Shimada, M., Fujimoto, F.: Physikalische Eigenschaften und Kristallstrukturen von m,p-Xylylen-Adipinsäureamid-Copolymeren. J. Soc. Fiber Sci. Technol. Japan, Tokyo **29** (1973) 9, S. T392–T404. (jap.; engl. Zusammenfass.).

Aziz, K., Shinouda, H. G.: Umwandlung zweiter Ordnung in Cellulosederivaten. Faserforsch. u. Textiltechnik **24** (1973) 12, S. 510–512.

Berger, W., Heller, A., Thamke, W., Adler, H.-J.: Das Schmelzen von Polyacrylnitril und Copolymeren. Faserforsch. u. Textiltechnik **24** (1973) 12, S. 484–488.

Savolainen, A. V.: Glasumwandlungskinetik von 2,6-disubstituierten Polyoxyphenylenen. Makromol. Chemie **172** (1973) S. 214–220.

Polymerschmelzen

Ghijsels, A., Mieras, H. J. M.: Schmelzströmungsverhalten als ein Mittel zur Bestimmung des Ausmaßes der langkettigen Verzweigung in Polymeren. J. Polymer Sci.: Polymer Physics Ed. **11** (1973) 9, 1849–1854.

Whitlock, L. R., Porter, R. S.: Ursache des Abbaus bei der Extrusion von Polystyrol. J. appl. Polymer Sci. **17** (1973) 9, S. 2761–2770.

Polymerlösungen und -dispersionen

Hert, M., Strazielle, C., Benoit, H.: Einfluß der relativen Molekülmasse, der Polydispersität und der Temperatur auf Vorzugssolvatationserscheinungen von linearen Polystyrolen in verschiedenen Lösungsmittelmischungen. Makromol. Chemie **172** (1973) S. 169–184. (franz.).

Lechner, M. D., Schulz, G. V.: Über eine Beziehung zwischen Verdünnungsentropie und Verdünnungsenthalpie in Lösungen von Polystyrol und Polymethylmethacrylat. Makromol. Chemie **172** (1973) S. 161–167.

Jones, D. H., Latham, A. J., Keller, A., Girolamo, M.: Faltungslänge von Polystyroleinkristallen: ein Konflikt zwischen Kristallisationstheorien und hohen Unterkühlungen. J. Polymer Sci.: Polymer Physics Ed. **11** (1973) 9, S. 1759–1767.

Suzuki, H., Leonis, C. G., Gordon, M.: Untersuchung eines kritisch verzweigten Polykondensates mit der Ultrazentrifuge. Makromol. Chemie **172** (1973) S. 227–231. (engl.).

Evans, R., Napper, D. H.: Flockung von Latices durch Polymere mit niedriger relativer Molekülmasse. Nature, London **246** (1973) 5427, S. 34–35.

Hert, M., Strazielle, C., Benoit, H.: Verhalten von stern- und kammartig verzweigten Polystyrolen in einigen Lösungsmittelmischungen. Einfluß des Verzweigungsgrades auf die Vorzugsadsorption. Makromol. Chemie **172** (1973) S. 185–198. (franz.).

Applikation von Polymeren

Schempp, W.: Vielfältige Verwendung von gepfropfter Cellulose. Umschau Wiss. Technik **73** (1973) 22, S. 703–704.

Mudžiri, B. G., Sogolova, T. I., Kerber, M. L., Juskina, G. V.: Strukturchemische Modifizierung von Polyäthylen hoher Dichte während der Verarbeitung. Plast. Massy (Plast. Massen) (1973) 10, S. 79–80.

Arutjunjan, R. E.: Erzeugung von Klebeband auf der Basis von Polyäthylenterephthalat. Plast. Massy (Plast. Massen) (1973) 10, S. 59–61.

Budnickij, Ju. M., Koršak, V. V., Kerber, M. L., Rodivilova, L. A., Vinogradova, S. V., Valeckij, P. M., Aksenov, V. I., Bondareva, E. A., Konovalov, V. V.: Besonderheiten der Verarbeitung von Polyarylaten als thermisch beständigen Plasten. Plast. Massy (Plast. Massen) (1973) 10 S. 65–67.

Volkova, M. V., Klimova, O. M.: Zur Folienbildungsfähigkeit einiger Äther von Polyhydroxylpolymeren. Ž. prikl. Chimii (Z. angew. Chemie) 44 (1973) 10, S. 2342–2343.

Sonderfragen

Leupold, W.: Rationelle Information – Zeitgewinn für Forschung und Entwicklung. Neuerer (1973) 11, S. 169–170.

Komar, W.: Anwendung von Netzplanmodellen für die Leistungserfassung und -bilanzierung in Forschung und Entwicklung. Rechentechnik u. Datenverarbeitung **10** (1973) Beiheft 4, S. 46–54.

Lauenstein, G.: Dynamik der Vorgangsdauer von Netzplänen für Forschungsarbeiten – Konsequenzen bei der Methodik der Netzplanoptimierung. Rechentechnik u. Datenverarbeitung **10** (1973) Beiheft 4, S. 41 bis 46.

Jüttler: VOPP und VOPS zur Lösung naturwissenschaftlich-technischer und mathematisch-ökonomischer Problemstellungen. Rechentechnik u. Datenverarbeitung **10** (1973) Beiheft 4, S. 65–66.

II. Faserstoffe,

Ein Faserbruchatlas. Teil 15. Textile Manuf. **100** (1973) 1180, S. 44–45.

Naturfaserstoffe

Pflanzliche Faserstoffe

Sakamoto, M., Yamada, Y., Tonami, H.: Reversible Vernetzung in Cellulose. VII. „Memory"-Effekt des Vernetzungsmediums beim Färben von vernetzter Baumwolle. J. Polymer Sci.: Polymer Chem. Ed. **11** (1973) 8, S. 1961–1971.

Kamel, M., Hebeish, A., Allam, M., Al-Aref, A.: Bildung von reaktiven Zentren auf Baumwolle. II. J. appl. Polymer Sci. **17** (1973) 9, S. 2725 bis 2738.

Regeneratfaserstoffe

Orlovskaja, G. M., Gribova, S. N., Bytenskij, V. Ja.: Abbaukinetik der Cellulose bei der Behandlung mit konzentrierter Lauge. Ž. prikl. Chimii (Z. angew. Chemie) **44** (1973) 10, S. 2290–2294.

Synthesefaserstoffe

Holy, G., Glöckner, G.: Über den Einfluß von Zusätzen auf die Licht- und Wärmebeständigkeit von Polyamid-6-Seiden. Faserforsch. u. Textiltechnik **24** (1973) 12, S. 489–494.

Kovriga, R. I., Gržimalovskij, A. S., Egorov, B. A., Judin, A. V.: Eigenschaften der Dünnschichtpolyformaldehydfäden. Izv. vysšich uč. Zav. Technol. legkoj Prom. (Hochschulnachr. Technol. Leichtind.) (1973) 4, S. 41–45.

III. Fäden-Herstellungstechnologien

Spinnerei. Zwirnerei

Spinnereivorbereitung

Slyvakov, V. E.: Über die Notwendigkeit der Vervollkommnung des Kämmprozesses. Tekstil. Prom., Moskva (Textil-Ind.) **33** (1973) 8, S. 28–30.

Spinnerei

Skivorcov, V. S., Migusor, I. I.: Untersuchung der Fadenbewegung im Rotor der Spinnmaschine BD-200. Izv. vyssich uč. Zav. Technol. tekstil. Prom. (Hochschulnachr. Technol. Textil-Ind.) (1973) 3, S. 45–48.

Greavu, V.: Empfehlungen über die Verarbeitung von Polypropylenfasern in der Wollspinnerei. Ind. textilă, București **24** (1973) 10, S. 588–591.

Vilkov, Ju. V., Gostera, R. V., Roužina, L. N., Popora, M. V., Uspenskaja, A. M., Dymora, E. A.: Feuchtspinnen von Werggarn. Techn. Textilien **16** (1973) 4, S. 102–104. Übers. aus: Tekstil. Prom., Moskva Textil-Ind.) **32** (1972) 10, S. 20–22.

Erzeugnisse der Spinnerei und Zwirnerei

Burmistrova, V. A., Šurupov, V. I., Saukora, L. A.: Einsatz von OE-Garn in der Weberei. Tekstil. Prom., Moskva (Textil-Ind.) **33** (1973) 8, S. 78 bis 80.

IV. Flächengebilde-Herstellungstechnologien

Die Verarbeitung der Chemiefaserstoffe in der Weberei. Ind. textile, Paris (1973) 1026, S. 493–496.

Lennox-Kerr, P.: Einige Aspekte der technischen Entwicklung von polartigen Fußbodenbelägen. Textile Manuf. **100** (1973) 1180, S. 25–26, 28–29, 32.

Gerickij, S. G., Kopoleva, L. F., Žil'cova, N. I., Purcchvanidze, O. G.: Schären von OE-Garn. Tekstil. Prom., Moskva (Textil-Ind.) **33** (1973) 8, S. 80–81.

Materialvorbereitung

Melling, K. G.: Einziehen in Jacquardharnisch. Textil-Praxis internat. **22** (1973) 10, S. 560–564.

Ivanov, S. N.: Ballonparameter beim Abwinden von Zwirn von zylindrischen Spulen der Maschinen PK-100. Izv. vysšich uč. Zav. Technol. tekstil. Prom. (Hochschulnachr. Technol. Textil-Ind.) (1973) 3, S. 75–79.

Weberei

Weberei-Technologie

Forrer, F.: Eine Kontroverse über Entwicklungstendenzen im Webmaschinenbau. Textil-Praxis internat. **22** (1973) 10, S. 558–559.

Vasil'čenko, V. N.: Fachumtritt im Herstellungsprozeß von Viskosefasergewebe. Izv. vysšich uč. Zav. Technol. tekstil. Prom. (Hochschulnachr. Technol. Textil-Ind.) (1973) 3, S. 62–65.

Erzeugnisse der Weberei

Putzger, G.: Wirkungsweise von Filtersystemen aus Geweben bei Luft- und bei Staubbeaufschlagung. Techn. Textilien **16** (1973) 4, S. 96–102.

Wirkerei und Strickerei. Konfektionstechnik. Sonstige Technologien

Bradley, S. B.: Herstellung regulär gearbeiteter Maschenkleidung. Teil 5. Knitting Times **42** (1973) 12, S. 116–118.

Egbers, G.: Systematische Analyse einer Fehlerursache, dargestellt am Beispiel von korrodierten Stricknadeln. Textil-Praxis internat. **22** (1973) 10, S. 557–558.

Erzeugnisse der Wirkerei und Strickerei

Krylova, L. A.: Einfluß der Strukturungleichmäßigkeit auf die Haltbarkeit von Kettengewirken. Mitt. 2. Izv. vysšich uč. Zav. Technol. legkoj Prom. (Hochschulnachr. Technol. Leichtind.) (1973) 4, S. 134–137.

Balsim, I. W.: Bestimmung der optimalen Zahl von Stricksystemen an der Großrundstrickmaschine für formgerecht gearbeitete Gestricke. Izv. vysšich uč. Zav. Technol. legkoj Prom. (Hochschulnachr. Technol. Leichtind.) (1973) 4, S. 138–143.

Konfektion

Ignatjew, W.: Anwendungsbereich für synthetische Monofilseiden als Nähfaden bei der Konfektion von Gewirken. Przegl. włókienn. (Textil-Rdsch.) **27** (1973) 7/8, S. 416–418.

Textilverbundstoffe

Wunsch, A.: Was die DDR auf dem Gebiet der Nähwirktechnik bietet. Textile Manuf. **100** (1973) 1180, S. 46–48.

Faserverbundstoffe. Vliesstoffe

Houben, H.: Verstärkung der aus Schmelzspinnfasern hergestellten Textilverbundstoffe. Textile Manuf. **100** (1973) 1180, S. 40–43.

Ivan, C.: Die Nadelvlies-Nadel. Ind. textilă, București **24** (1973) 10, S. 597 bis 602.

Fadenverbundstoffe

Doroba, H., Oberle, T.: Bekleidungsverbundstoffe aus Polyestergarnen. Przegl. włókienn. (Textil-Rdsch.) **27** (1973) 7/8, S. 369–375.

V. Textilveredlung

Farbstoffe. Textilhilfsmittel

Ligaj, O. K.: Über die Effektivität des Einsatzes von Farbstoffen der VR Polen. Tekstil. Prom., Moskva (Textil-Ind.) **33** (1973) 8, S. 50–51.

Mitsuishi, M., Ishii, N., Hashizume, M.: Über die Reaktionen zwischen Farbstoffen und Alkyltrimethylammoniumbromiden in Lösung. J. Soc. Fiber Sci. Technol. Japan, Tokyo **29** (1973) 9, S. T412–T417. (jap.; engl. Zusammenfass.).

Dellian, K. A.: Ein Mustercarrier. Amer. Dyestuff Rep. **62** (1973) 6, S. 44 bis 45, 76.

Bleicherei. Sonstige Vorbehandlungsarbeiten der Textilveredlung

Cegarra, J., Gacen, J., Voreux, J., Roos, G.: Bleichen der Wolle durch Eintauchen und Imprägnieren-Dämpfen. Ind. textile, Paris (1973) 1026, S. 525–528.

Färberei

Zentrale Farbküche – aber wie? Textil-Praxis internat. **22** (1973) 10, S. 571–573.

Mikroschaumfärbeverfahren kommt in den USA auf. Amer. Dyestuff Rep. **62** (1973) 6, S. 52, 54, 56, 78.

Brooks, A.: Ein Blick auf das Färben von Kleidungsstücken. Hosiery Trade J. **80** (1973) 957, S. 155–158.

Druckerei

Hartmann, H., Zimmer, J.: Das Drucken von Transferpapieren durch Rundschablonen. Textil-Praxis internat. **22** (1973) 10, S. 569–570.

Hofstetter, R., Koltai, P.: Teppichdruck. Amer. Dyestuff Rep. **62** (1973) 6, S. 27–32, 82.

Ausrüstung

Freitag, H. D.: Einsatz und Pflege von Kalanderwalzen. Textil-Praxis internat. **22** (1973) 10, S. 573–575.

Libkind, R. M., Lagodzinskaja, N. M.: Anwendung von Prekormercin in der Baumwollindustrie. Tekstil. Prom., Moskva (Textil-Ind.) **33** (1973) 8, S. 59–60.

Čilikina, T. G., Vasil'ev, Ju. V.: Verfilzung von Woll-Chemiefasermischungen in organischen Lösungsmitteln. Tekstil. Prom., Moskva (Textil-Ind.) **33** (1973) 8, S. 52–55.

Wypych, A., Wypych, J.: Das Lackieren der Oberfläche von mit Polyvinylchlorid beschichteten Geweben zwecks Erhöhung ihrer Beständigkeit. Przegl. włókienn. (Textil-Rdsch.) 27 (1973) 7/8, S. 419–421.

Wäscherei. Chemische Reinigung

Gurina, V. I.: Einfluß der chemischen Reinigung auf die Eigenschaften von Geweben für Sonderkleidung. Izv. vysšich uč. Zav. Technol. tekstil. Prom. (Hochschulnachr. Technol. Textil-Ind.) (1973) 3, S. 28–32.

VI. Werkstoffprüfung. Meß- und Prüftechnik. Standardisierung

Materialeigenschaften und Materialfehler

Il'in, S. N., Andreeva, A. M.: Eigenschaften von orientierten PVC-Folien. Plast. Massy (Plast. Massen) (1973) 10, S. 52–54.

Tittel, R., Berndt, R.: Zur Bestimmung der Trennteilchengröße von Filtergeweben. Faserforsch. u. Textiltechnik **24** (1973) 12, S. 505–510.

Nettelnstroth, K.: Mikroskopische Schadensuntersuchungen textiler Produkte. Textil-Praxis internat. **22** (1973) 10, S. 576–578.

Blankenburg, G., Philippen, H.: Automatisierungsmöglichkeiten der Faserfeinheitsbestimmung mit einem Mikrobild-Analysator. Textil-Praxis internat. **22** (1973) 10, S. 579–581.

Kukin, G. N., Okruasvili, Ju. V., Smirnov, V. K.: Über die Bestimmungsmethoden und mathematische Beschreibung der Deformationsveränderung von Textilfäden bei Ausdehnung und nachfolgender Erholung. Izv. vysšich uč. Zav. Technol. tekstil. Prom. (Hochschulnachr. Technol. Textil-Ind.) (1973) 3, S. 12–16.

Neßwetha, W.: Die Wasserdampfaufnahme und Wasserdampfdurchlässigkeit von Schaftmaterialien unter physiologischem Aspekt. Bekleidungsmedizin **13** (1973) 4/5, S. 2–3.

Rieß, W.: Eigenschaftskriterien synthetischer und natürlicher Schuhobermaterialien. Bekleidungsmedizin **13** (1973) 4/5, S. 4–9.

Löbel, W.: Elektrostatische Aufladungen beim Tragen von Bekleidungstextilien. Faserforsch. u. Textiltechnik **24** (1973) 12, S. 495–504.

Meß- und Prüftechnik

Inagaki, K., Akagawa, N., Suda, N.: Diskussion über Methoden zur Bestimmung des Glanzes von Geweben. J. Soc. Fiber Sci. Technol. Japan, Tokyo **29** (1973) 9, S. T368–T376. (jap.; engl. Zusammenfass.).

Kalinowski, J.: Messung der Kräfte, die auf ein Gewirke während einer vielfachen Verstreckung einwirken. Przegl. włókienn. (Textil-Rdsch.) **27** (1973) 7/8, S. 408–410.

Osawa, T., Nakayama, A., Mihira, K.: Über die Beziehung zwischen dem Extensions- und Kompressionsverhalten von textilen Flächengebilden. J. Soc. Fiber Sci. Technol. Japan, Tokyo **29** (1973) 9, S. T363–T367. (jap.; engl. Zusammenfass.).

VII. Betriebstechnik. Ökonomie. Tagungsberichte und dgl.. Sonderfragen

Betriebstechnik

Randall, C. W., King, P. H.: Chemische und biologische Behandlung von Abwässern aus der Textilveredlung. Amer. Dyestuff Rep. **62** (1973) 6, S. 63–66, 87.

Ökonomie

Jugoslawien als Zielscheibe für das Welt-Chemiekapital. Chem. engng. News **51** (1973) 44, S. 12.

Multinationaler Vertrag über alle Faserstoffe. Chem. engng. News **51** (1973) 41, S. 6–7.

31 712